一本书读懂

DAO

AIGC时代的组织变革

a15a 张则扬 ◎ 著

清华大学出版社
北京

内 容 简 介

DAO是新型生产关系下产生的新型组织形式。本书作为DAO的科普图书，对DAO的定义、产生、各类型DAO以及如何从0到1搭建一个DAO进行了描述。全书共12章，第1章对DAO的定义进行了详细解释；第2章介绍了组成了DAO的数字游民；第3~7章描述了各种类型的DAO；第8章描述了如何从0到1搭建一个DAO；第9章介绍了管理DAO的各种工具；第10章主要介绍了DAO的监管政策；第11章介绍了DAO与生产关系变革的关联；第12章介绍了AIGC时代DAO的必要性。

本书可作为高等院校计算机相关专业的教材，也可供对DAO感兴趣的读者作为科普读物。

图书在版编目（CIP）数据

一本书读懂DAO：AIGC时代的组织变革 / a15a，张则扬著. —北京：清华大学出版社，2023.11

ISBN 978-7-302-64509-2

Ⅰ.①一… Ⅱ.①a… ②张… Ⅲ.①面向对像数据库 Ⅳ.①TP311.132.4

中国国家版本馆CIP数据核字(2023)第166618号

责任编辑：杜　杨
封面设计：杨玉兰
版式设计：方加青
责任校对：徐俊伟
责任印制：丛怀宇

出版发行：清华大学出版社
　　　　网　　　址：https://www.tup.com.cn，https://www.wqxuetang.com
　　　　地　　　址：北京清华大学学研大厦A座　　邮　　编：100084
　　　　社 总 机：010-83470000　　　　　　　邮　　购：010-62786544
　　　　投稿与读者服务：010-62776969，c-service@tup.tsinghua.edu.cn
　　　　质 量 反 馈：010-62772015，zhiliang@tup.tsinghua.edu.cn
印 装 者：北京嘉实印刷有限公司
经　　销：全国新华书店
开　　本：148mm×210mm　　　印　　张：8.125　　字　　数：211千字
版　　次：2023 年 11 月第 1 版　　印　　次：2023 年 11 月第 1 次印刷
定　　价：49.00元

产品编号：100955-01

序　言

DAO：后人类社会的必由之路

（一）

在 500 年前的 16 世纪初期，世界人口不过是 5 亿多一点；至 1800 年，世界人口跨过 10 亿的门槛；至 1900 年，世界人口是 17 亿；进入 21 世纪，世界人口达到 66 亿；在如今的 2023 年，世界人口超过 80 亿。人口专家预测，2050 年，世界人口将达到 100 亿。在世界人口膨胀的过程中，人类的经济、生活和互动的空间不断扩展——从陆地、海洋到天空，再到火星，甚至太阳系的边缘；与此同时，人类社会经历了从农耕社会到工业社会，再到后工业社会、信息和数字社会、智能社会的多次转型。

但是，人类社会的组织模式并没有因为人口的膨胀、人类活动空间的扩展和社会经济形态的一再转型而发生根本性的改变。不论是民主国家还是非民主国家，其国家和政府的结构以及企业组织模式，始终基于或者难以摆脱中心化的金字塔构架。所谓的中心化的金字塔结构，一方面具有组织结构很严谨、等级森严、各个岗位的分工很明确、便于监控和管理等优势，可以实现高效率运作；但是，另一方面，却存在管理层次过多、信息传递不畅、信息缺失和失真、压抑金字塔不同层次参与者的创造性等缺点，抵消正面的效率和效益。在国家层面上，金字塔模式的极端状态是寡头和极权政治。

所以，人类近现代历史中，不论是政治史、社会史，还是经济史和企业史的演变，其主题都是如何削弱和消除政治、经济和社会的集权，扩大民众和劳动者自主权。于是，在 18 世纪，有亚当·史密斯（Adam Smith，1723—1790），主张市场经济的古典经济学；在 19 世纪，形成了无政府主义和蒲鲁东（Pierre-Joseph Proudhon，1809—1865）主义，形成了空想社会主义、社区自治运动以及自由主义。

20 世纪，在全球范围内，几乎所有传统的国家、社区以及企业模式都经历了日益严重的挑战和危机，其中的重要原因在于它们的中心化和金字塔模式的深层结构。最有代表性的案例是苏联最终放弃了曾经实施的中央集权式的计划经济体制。在这样的历史背景下，哈耶克（Friedrich August von Hayek，1899—1992）的自由主义一度形成前所未有的影响。2012 年，阿西莫格鲁（Kamer Daron Acemoğlu，1967—）和罗宾逊（James Alan Robinson，1960—）撰写的《国家为什么失败》（*Why Nations Fail: The Origins of Power, Prosperity, and Poverty*）出版。该书提出了"包容性经济和政治制度"的概念，试图通过一种多元、包容和集中的兼容体制，解读历史，最终陷入逻辑困境。无论如何，在 20 世纪，资本、权力和财富达到了前所未有的集中，各种形态的垄断成为经济和政治活动中的普遍现象。

进入 21 世纪，互联网时代的来临，以及数字技术和智能技术的开发，开始对基于中心化和金字塔模式的各类组织进行全方位冲击。最先观察到这种现象的是《纽约时报》（*The New York Times*）的专栏作家托马斯·弗里德曼（Thomas Loren Friedman，1953—）。他于 2005 年出版了影响深远的《世界是扁平的》（*The World Is Flat: A Brief History of the Twenty-first Century*）。在这本书中，作者将柏林墙倒塌、网络革命、开源软件、供应链整合和外包、离岸生产、信息搜索、移动通信、数字化和创新模式作为推动全球"扁平化"的基本因素。从 2005 年至今，18 年过去，历史的演进支持了弗里德曼的预见。这是因为，不断发展的前沿科技，虽然可以被国家和政府掌握和使用，但是，同时无疑也在瓦解传统组织模式的基础结构。

（二）

于是，DAO（Decentralized Autonomous Organization，去中心化自治组织）因运而生。从字面上来看，DAO 包含两个重要特征：去中心化和自治。

2006 年，科幻作家丹尼尔·苏亚雷斯（Daniel Suarez, 1964—）著科幻小说《守护进程》（*Daemon*），一般被认为是 DAO 的原始文本。①

之后，2013 年，Invictus Innovations 的 CEO 丹尼尔·拉里默（Daniel Larimer）提出"DAC"（Decentralized Autonomous Corporation，去中心化自治公司）的概念。2014 年，维塔利克·布特林（Vitalik Buterin, 1994—）发表"DAOs, DACs, DAs, and More: An Incomplete Terminology Guide"一文，详细介绍这一基于区块链的组织的治理潜力。自此之后，在全球范围内，DAO 的理念、思想和实践得以兴起，成为不可低估的历史事件，并影响未来全球发展趋势。

所以，《一本书读懂 DAO：AIGC 时代的组织变革》的问世，具有极为重要的现实意义和历史价值。

本书共 12 章。第 1、2、11 和 12 章，阐述的是 DAO 的演进历史、原理和对社会变革的影响。第 3 ～ 10 章，全面介绍和诠释了 DAO 的应用层面，从协议、社交、游戏到商业运营和监管。

本书在以下几个方面，是值得读者关注和理解的：

第一，DAO 产生和演进的历史节点。例如，2016 年 5 月，在以太坊白皮书发布 3 年后，出现了第一个基于以太坊网络的以 DAO 模

---

① 　该书因为没有中文版，尚无标准翻译。

式筹资的案例，其中蕴含了相应的启发和教训。

第二，DAO 的核心性特征。不同于中心化的结构，DAO 往往由平等的个人发起、组成，以共同商定的规章制度、执行方法及运营方式成立并运作。同时，正因为这种去中心化的组织形式，DAO 并没有一个中心化的实际主体结构或个体对整体组织进行管理，所有的组织成员均拥有对组织管理的权利，并共同参与组织的决策过程。

第三，DAO 和区块链、智能合约的关系。本质上，DAO 是一个公开、透明、基于智能合约的组织。

第四，DAO 的民众基础，即数字游民。DAO 的起源与发展推动了 Web3.0 数字游民的诞生，而越来越多的 Web3.0 数字游民也在不断践行着 DAO 的愿景。

第五，DAO 对于实现共享经济的意义，主要是对于生产资料和财富的共享，特别是 Web3.0 + AI + DAO = 更公平的分配。

第六，DAO 和超级个体，以及再部落化。因为超级个体在 Web3.0 中开始涌现，网络中的部落化的趋势，将克服传统自治组织的"乌合之众"机制和"众声喧哗"显现，有力推动 DAO 社区结构与生态的进化。

第七，智能机器人在 DAO 中的作用。"未来的 DAO 内一定会有许多超级个体存在，也会有更加先进的机器人存在"。"机器人和人工智能的应用可以为 DAO 提供更加有效和精准的工具及支持，使 DAO 可以更加关注对哲学和艺术的思考、发明和创造等高级活动，而不再受制于重复、低效的工作"。

第八，DAO 的功能。DAO 的多样化功能不断涌现，至少有基础设施类、协议类、资助类、投资类、服务类、收藏类、社交类以及媒体类等 DAO 功能种类。

第九，DAO 与经济活动和商业利益的关系，特别是和数字经济的互动关系。DAO 在经济和商业的多场景应用，以及迅速成长的

DAO 生态内，正在展现其效用和价值，例如 DAO 对于加密数字货币、NFT 和 DeFi 的深层贡献。

第十，DAO 目前仍处于不完美的发展阶段，并且相关法律处于空白状态，所以，在 DAO 的发展过程中，并不排斥相关的监管和治理的政策。

（三）

DAO 意味着一种历史性的范式转变，正在显现其高效、灵活、透明的价值，导致 DAO 具有广阔的演化空间，代表了一种新的历史方向和选择。

本书是由 17 位年轻人组成的作者群撰写。他们的写作和成书也是对 DAO 的一种实验和实践。希望他们作为 DAO 的第一代人，伴随 DAO 共同成长。

在本文结束时，想指出的是：DAO 已经约定俗成，不再译成中文。DAO 的最佳直译是"道"。这个"道"令人联想的就是老子《道德经》的"道"，也就是"道可道非常道"的"道"。其实，如果深入思考，DAO 和"道"还是有相通之处，因为老子的"道"更倾向一种动态的网络。

朱嘉明

2023 年 10 月 25 日，于广州

前　言

　　这是一本关于 DAO（去中心化自治组织）的书籍。全书共 12 章，第 1、2 章介绍了 DAO 的定义与参与主体的角色划分；第 3 ～ 7 章详细介绍了包括投资、社交、媒体、游戏等领域丰富的 DAO 案例实践；第 8 ～ 10 章则从实操角度出发，向读者介绍了如何创立、管理与运营一个健康的 DAO；第 11、12 章则从生产关系的角度对 DAO 的发展进行研究，并着重在 AIGC 潮流的趋势下分析了超级个体与 DAO 的关系。该书通过深入的研究和案例分析，为读者提供了全面的 DAO 知识。此外，书中还提供了许多实用的工具和技巧，帮助读者了解如何运营和治理 DAO，以及如何构建和管理 DAO。

　　本书由多人以 DAO 的形式进行编写。其中，第 1 章由 0xAres、Ande、故事共同编写；第 2 章由 Ande 编写；第 3 章由故事编写；第 4 章由昊威、Thea、林钟贤共同编写；第 5 章由方沁雨编写；第 6 章由 Zane、方沁雨共同编写；第 7 章由林钟贤、昊威、0xAres、永宁老师、故事、Thea 共同编写；第 8 章由 Arrow、RealDora 共同编写；第 9 章由 Frank、0xCryptoJew 共同编写；第 10 章由 0xAres 编写，刘扬审阅；第 11 章由 0xAres、Vladimir、深元共同编写；第 12 章由 Arrow、Jungle 共同编写。全书由张则扬负责统稿、审核、修改和润色。其中特别感谢香港大学孔令明博士参与部分内容的修改与编写；特别感谢 Builder DAO 创始人 Neils 对本书内容提供的宝贵建议；特别感谢吴少康先生作为业界专家，对本书中 Web3.0 金融相关的内容提供了深度的建议，并参与审阅修改金融与 DAO 领域相关的内容；特别感谢王一鸣先生对本书中 Depin 与 DAO 相关的内容提供了深度建议，并参与审阅修改了相关内容；特别感谢北京 METASPACE（五道口、751）提供的相关企业对接访谈方面的帮助；特别感谢御风集团 CEO 张冬冬先生的支持；特别感谢御风集团董事长冯仑先生的支持。

本书适合对 DAO 感兴趣的读者阅读，尤其适合想要了解 DAO 的定义、历史、成员、协议、产品、社交、孵化、投资、游戏、运营、治理、运营工具、缺陷与监管合规以及 DAO 对生产关系的变革等概念的读者。无论您是初学者还是有经验的 DAO 运营人员，本书都会为您提供有价值的信息和见解。您可以将本书作为参考书，在日常的 DAO 开发和运营中遇到问题时，随时查阅书中的内容，快速解决问题。

目　　录

第 1 章　什么是 DAO ·· 1

1.1　DAO 的定义 ·· 3

1.2　DAO 的特征 ·· 4

　　1.2.1　去中心化 ·· 4

　　1.2.2　区块链的使用 ·· 6

　　1.2.3　激励 ·· 7

1.3　广义与狭义：DAO 的完备程度 ··································· 9

1.4　DAO 的发展历史 ··· 11

　　1.4.1　去中心化的开始 ·· 11

　　1.4.2　最初的尝试：The DAO ····································· 11

　　1.4.3　早期发展：AragonDAO 和 MolochDAO ······················ 13

　　1.4.4　协议 DAO 出现：DeFi 之夏 ································· 14

　　1.4.5　遍地开花：ConstitutionDAO ······························ 15

第 2 章　谁组成了 DAO——数字游民 ·································· 16

2.1　缘起：数字游民与 DAO ··· 17

　　2.1.1　什么是数字游民 ·· 17

　　2.1.2　数字游民与 DAO ·· 18

2.2　数字游民的演变 ··· 19

　　2.2.1　传统的数字游民 ·· 19

2.2.2 公司制数字游民 ··· 20

2.2.3 Web3.0 与数字游民 ·· 21

2.3 数字游民的聚集地 ··· 22

2.3.1 数字游民的地理分布 ·· 23

2.3.2 世界各地的数字游民 ·· 24

2.3.3 中国的数字游民 ·· 26

2.4 数字游民与文化的关联 ·· 28

2.4.1 大理福尼亚：数字游民实验 ······························ 28

2.4.2 文化对数字游民的拉力 ····································· 29

2.4.3 数字游民与去中心化的追求 ····························· 31

第 3 章 协议和产品 DAO ··· 32

3.1 MakerDAO ·· 34

3.1.1 MakerDAO 的治理 ·· 35

3.1.2 MakerDAO 的成员组成 ···································· 37

3.1.3 MakerDAO 的紧急关停机制（ESM）··················· 37

3.2 PartyDAO ··· 39

3.2.1 PartyDAO 的起源 ·· 40

3.2.2 PartyDAO 的治理 ·· 42

3.3 BendDAO ·· 42

3.3.1 BendDAO 的治理 ·· 43

3.3.2 BendDAO 的清算危机 ······································ 45

3.4 MirrorDAO ·· 46

3.5 GitcoinDAO ··· 48

第 4 章　社交和孵化 DAO ················· 53

4.1　什么是社交 DAO ················· 54

4.1.1　社交 DAO 的定义 ················· 55

4.1.2　社交 DAO 的动机 ················· 56

4.2　FWB DAO ················· 58

4.2.1　FWB DAO 的发展历史 ················· 59

4.2.2　FWB DAO 的核心业务逻辑 ················· 61

4.2.3　FWB DAO 的组织架构 ················· 62

4.3　LinkZ DAO ················· 64

4.3.1　LinkZ DAO 的发展历史 ················· 65

4.3.2　LinkZ DAO 的组织架构 ················· 66

4.4　SeedClub ················· 67

4.4.1　理解社交通证 ················· 67

4.4.2　SeedClub 的发展历史 ················· 69

4.4.3　$CLUB ················· 70

4.5　SeeDAO ················· 71

4.5.1　SeeDAO 的发展历史 ················· 72

4.5.2　SeeDAO 的核心业务逻辑 ················· 74

4.5.3　SeeDAO 的组织架构 ················· 75

4.6　BuidlerDAO ················· 77

4.6.1　BuidlerDAO 的发展历史 ················· 78

4.6.2　BuidlerDAO 的核心业务逻辑 ················· 79

第 5 章　投资 DAO ················· 82

5.1　什么是投资 DAO ················· 83

5.1.1　投资 DAO 的定义 ················· 83

5.1.2　投资 DAO 的特点 ················· 84

　　5.1.3　投资 DAO 的类型 ··· 85

　　5.1.4　投资 DAO 的运营模式 ··· 86

5.2　BitDAO ·· 86

　　5.2.1　BitDAO 的发展历史 ·· 87

　　5.2.2　BitDAO 的运营模式 ·· 88

　　5.2.3　BitDAO 的治理模式 ·· 90

5.3　The LAO ·· 90

　　5.3.1　The LAO 的合法性框架 ·· 91

　　5.3.2　The LAO 的治理模式 ··· 91

5.4　FlamingoDAO ·· 92

5.5　MetaCartelDAO ·· 93

5.6　SyndicateDAO ·· 94

5.7　投资 DAO 的主要风险和发展问题 ································· 95

第 6 章　游戏 DAO ·· 97

6.1　什么是游戏 DAO ·· 98

　　6.1.1　游戏 DAO 的定义 ··· 98

　　6.1.2　游戏 DAO 的特点 ·· 100

6.2　Yield Guild Games ·· 100

　　6.2.1　YGG 的治理模式与架构 ······································· 101

　　6.2.2　YGG 的运营模式 ··· 103

6.3　Merit Circle ·· 104

　　6.3.1　Merit Circle 的治理结构及现状 ······························ 105

　　6.3.2　Merit Circle 国库资产及收入情况 ·························· 107

6.4　TreasureDAO ·· 108

　　6.4.1　TreasureDAO 的治理方式 ····································· 108

　　6.4.2　TreasureDAO 的治理现状 ····································· 109

6.5　EverlandDAO ···109

　　6.5.1　EverlandDAO 的组织框架 ·······································110

　　6.5.2　EverlandDAO 的治理现状 ·······································111

6.6　AavegotchiDAO ···114

　　6.6.1　AavegotchiDAO 的发展历程 ·································114

　　6.6.2　AavegotchiDAO 的治理方式及现状 ·····················115

　　6.6.3　AavegotchiDAO 国库资产 ·······································115

6.7　GameDAO ···117

第 7 章　其他类型的 DAO ···118

7.1　事件 DAO ··119

　　7.1.1　ConstitutionDAO ···119

　　7.1.2　阿桑奇 DAO ···122

7.2　媒体 DAO ··124

　　7.2.1　BanklessDAO ···125

　　7.2.2　FOREFRONT ··129

7.3　法律 DAO ··132

　　7.3.1　LegalDAO ··132

　　7.3.2　FixDAO ··134

7.4　投研社区 ··136

7.5　创作者 DAO ···138

　　7.5.1　a15a ···138

　　7.5.2　magipop ···140

第 8 章　DAO 的运营和治理：如何从 0 到 1 搭建一个 DAO···142

8.1　DAO 的成员招募与部门划分 ···143

　　8.1.1　DAO 的使命确认 ···144

8.1.2 新人的入职管理 ···························· 146

8.1.3 成员的参与度与社群氛围 ····················· 148

8.1.4 成员的流动性 ···························· 150

8.1.5 为贡献者分配角色 / 成员身份 ··············· 151

8.2 DAO 的激励机制与资产管理 ·················· 153

8.2.1 确定激励发放形式 ························ 153

8.2.2 发放激励流程的标准化 ···················· 155

8.2.3 国库的建立与资源分配 ···················· 156

8.3 DAO 的健康指标 ···························· 157

8.3.1 技术指标 ····························· 159

8.3.2 财务指标 ····························· 160

8.3.3 社区指标 ····························· 161

8.3.4 治理指标 ····························· 162

8.3.5 战略指标 ····························· 163

8.4 DAO 运营的常见问题和解决方案 ·············· 164

第 9 章 DAO 的运营工具 ························· 167

9.1 金库管理：承接经济模型与收益体系 ············· 168

9.1.1 金库管理：Juicebox、Llama ················ 168

9.1.2 资金管理：Gnosis Safe、Cobo ·············· 171

9.2 成员管理：构建身份与权限体系 ··············· 175

9.2.1 入职管理：DAOLens、collab.land ············ 175

9.2.2 薪酬管理：0xSplits、Mural ················ 177

9.2.3 提案决策：Snapshot、Sybil ················ 179

9.2.4 社区交流：Discord、Metaforo ·············· 181

9.3 贡献与声誉管理：落实任务与声誉体系 ··········· 183

9.3.1 个人简历：CyberConnect ················· 183

9.3.2 任务系统：Dework、Charmverse ····················· 184

9.3.3 贡献系统：Karma、SourceCred ····················· 186

9.4 市场管理：赋能营销与增长体系 ····················· 188

9.4.1 内容管理：Mirror、Notion ····················· 188

9.4.2 活动管理：Kickback ····················· 190

9.4.3 营销增长：Layer3、Otterspace ····················· 190

9.5 捐赠管理：帮助组织获取资金资助 ····················· 192

9.5.1 捐赠平台：Gitcoin ····················· 192

9.5.2 订阅管理：Unlock ····················· 194

9.6 一键建 DAO 方案 ····················· 194

9.6.1 开源一站式部署：Aragon ····················· 194

9.6.2 基于 Moloch 框架 DAO 协议：DAOHaus ····················· 195

9.6.3 可扩展性建设平台：DAOstack ····················· 197

9.6.4 DAO 运行平台：Colony ····················· 198

9.7 如何选择合适的管理工具 ····················· 198

第 10 章　DAO 的缺陷与监管合规 ····················· 200

10.1 不完美的 DAO ····················· 201

10.1.1 DAO 的决策真的更合理吗 ····················· 201

10.1.2 DAO 真的安全吗 ····················· 203

10.2 DAO 相关监管政策 ····················· 203

10.2.1 美国的 DAO 监管政策 ····················· 204

10.2.2 日本的 DAO 监管政策 ····················· 206

10.2.3 马绍尔群岛：首个认可 DAO 法律主体地位的国家 ········· 206

10.2.4 中国大陆的 DAO 监管政策 ····················· 207

10.2.5 合理的 DAO 监管是什么样 ····················· 207

第 11 章　DAO 是生产关系的变革 ····························· 209

　11.1　人类社会生产关系发展史 ··························· 210

　11.2　DAO 与共产主义 ··································· 214

　11.3　DAO 与 AIGC：新的生产关系如何适应激增的生产力 ··· 217

　　11.3.1　工作技能壁垒的消失 ························· 217

　　11.3.2　企业规模缩小，劳动者收入降低 ·············· 218

　　11.3.3　AIGC 让人类失业，DAO 让人类就业 ············ 219

　　11.3.4　Web3.0+AI+DAO= 更公平的分配 ··············· 219

第 12 章　AIGC 时代的超级个体与 DAO ···················· 223

　12.1　AI 带来的生产力跃迁 ······························ 224

　　12.1.1　ChatGPT 到 Metapedia：入口工具效率提升 ······ 224

　　12.1.2　Midjourney 到 Orbofi：数字资产领域的效率提升 ··········· 228

　12.2　Web3.0 超级个体的涌现 ··························· 231

　12.3　DAO 是超级个体的必然选择 ······················ 233

　　12.3.1　再部落化：超级个体和 DAO 的相互赋能 ·········· 233

　　12.3.2　AI 赋能实例：SingularityDAO ················· 235

　12.4　展望：超级个体到机器人时代 ······················ 239

01

第 1 章
什么是 DAO

　　随着生产力的发展，固有的生产关系无法满足生产需要，于是就会有新的组织方式诞生，人们谋生的方式亦随之改变，进而引发社会关系的一系列迁移。生产力决定生产关系，这是一条自原始社会至今被不断印证的普遍规律。

　　当下，我们正处于一个信息技术飞速发展的时代，这种发展极大地推动了生产力的解放，也催生了一些新型的生产关系，如平台型企业、零工经济、共享经济等。正如《人机平台：商业未来行动路线图》指出的，在数字经济时代，机器与人、平台与产品、大众与核心三组关系都在发生着变化。其中，产品向平台的转变已成为一种不可逆转的趋势，无论是衣食住行还是其他方面的需求，都可以通过平台应用来满足。

　　这些新型关系给我们的生活带来了很多便利和效率的提升，同时也带来了一些难以忽视的问题。例如，亚马逊、谷歌等平台公司在这一转变中占据了主导地位，并形成了垄断或寡头的市场格局。在这种格局下，平台公司是权力和利益的最大受益者，而那些为平台提供个人价值的参与者却往往得不到相应的回报。这样的参与者包括视频网站上的创作者、音乐平台上的音乐家、外卖平台上的骑手、打车平台上的司机等。他们从外部为公司创造价值，但公司却难以给他们提供有效的激励机制，从而造成了价值分配上的巨大失衡。此外，新型冠状病毒感染也无意中改变了企业和工作者之间传统的依附关系，原有的企业组织结构已经不能适应多元化和灵活化的雇佣形式。

　　在这样一个时代背景下，传统意义上基于雇佣制度和利润最优化原则建立起来的企业制度显然已经不可持续，许多参与者可能会对现有平台产生不满和反抗的情绪。于是，DAO（Decentralized Autonomous Organizations，去中心化自治组织）作为一种新型组织形式应运而生。

1.1　DAO 的定义

DAO 是 2016 年出现，并随着区块链和 Web3.0 概念兴起而逐渐发展的一种基于区块链进行公开治理的创新组织模式。

学术界已经有诸多学者给出 DAO 的具体定义。比如，Hassan 等人（2021）将 DAO 定义为"基于区块链的系统"，它使人们能够通过链上的"自执行规则"进行协调和治理[①]。Buterin（2014）将 DAO 定义为"去中心化自治社区"，其中所有成员在决策中享有平等的权利[②]。DAOstack 作为最知名的 DAO 平台之一，将 DAO 定义为"没有中央管理机构的利益相关者网络"。当 DAO 的组织形式涉及 NFT 时，DAO 被定义为拥有 NFT 的人或实体的专属群体。a15a 在《一本书读懂 Web3.0：区块链、NFT、元宇宙和 DAO》中将 DAO 定义为"以互联网基础协议、区块链技术、人工智能、大数据、物联网等为底层技术支撑，以通证激励和协同治理为治理手段，拥有明确的共同目标，具备高度信任和高度共识、开放平等、去中心化、公开透明、自动化特征的一种全新的组织形式"，并认为 DAO 是"数字协作的最佳实践和 Web3.0 最基本的组织形式"。

DAO 并非一个全新的概念，类似的去中心化组织形式在现实生

[①]　S. Hassan and P. De Filippi, 'Decentralized Autonomous Organization', Internet Policy Rev., vol. 10, no. 2, Apr. 2021, doi: 10.14763/2021.2.1556.

[②]　V. Buterin, 'Ethereum: A Next-Generation Smart Contract and Decentralized Application Platform.', 2014, [Online]

活中存在已久。发表于 2019 年的一篇学术论文中提到 ①，自然生态系统中的自组织现象、CMO②、DAI③ 都可以看作 DAO 的早期表现形式。这些组织与 DAO 的核心差别在于是否具备链上运营和治理以及成员是否可以获得持续激励。

1.2 DAO 的特征

尽管 DAO 并非是一个全新的概念和形式，但由于技术能力、执行难度及市场发展等因素限制，DAO 的快速成长和增长主要发生在近几年。DAO 需要一个能够执行"去中心化自治"的技术基础和一个能够自我可持续的执行方案，才能够对组织形成有效管理，这也是 DAO 区别于其他传统组织形式最重要的特性。具体来说，可以将 DAO 的特征概括为三个方面：去中心化、区块链的使用和激励。

1.2.1 去中心化

传统的组织模式往往是中心化的，即由一个或少数几个决策者

① WANG S, DING W, Li J, et al. Decentralized Autonomous Organizations: Concept, Model and Applications[J]. IEEE Transactions on Computational Social Systems, 2019, 6（5）:870-878.
② CMO 即 Cyber Movement Organizations，学界也叫它动态网民组织，它是一种由网民构成的社会群体。这种群体会根据网络上的某些话题或事件，在很短的时间里快速地聚集起来，并且采取一些行动来响应事件，例如互联网水军就是一个例子。CMO 中最有名的一个就是帝吧出征，它是指一些爱国的网友（起初主要来自百度贴吧"李毅吧"）主动去外国的社交媒体上发表爱国言论的网络活动。这种活动因为速度快、气势大，在网上被形容为"帝吧出征、寸草不生"。
③ 分布式人工智能（DAI）是一种人工智能的研究领域，它关注如何构建多个智能系统，使它们能够在逻辑或物理上分散的环境中并行和协作地工作。DAI 反映了人工智能未来的发展方向，因为它可以处理更加复杂和动态的问题。DAI 系统通常由许多自治的代理组成，每个代理都有自己的信念、渴望和意图（BDI），并且可以根据自己的目标选择和优先级化任务。代理之间可以通过通信、协作和谈判来实现社会性，而不需要一个中心控制器或一个全局数据库。这样，DAI 系统就具有了高度的开放性和灵活性，以及较强的容错性，因为它可以利用冗余信息来应对故障。

掌握权力和资源，通过层级制度来指挥和协调下属。这种模式在一定程度上可以保证快速响应和一致执行，但也存在一些缺陷。比如，中心化决策者可能缺乏对全局和局部情况的充分了解，或是受到个人利益、偏见或压力的影响，导致决策者做出不合理的决策；层级制度可能造成信息流动和反馈的阻碍，导致沟通成本增加或信息失真，以及责任分散和随之而来的人心涣散。不同于这种中心化的结构，DAO往往由平等的个体发起、组成，以共同商定的规章制度、执行方法及运营方式成立并运作。同时，正因为这种去中心化的组织形式，DAO并没有一个中心化的实际主体结构或个体对整个组织进行管理，所有的组织成员均拥有对组织管理的权利，并共同参与组织的决策过程。

在《海星式组织》[①]一书中，奥瑞·布莱福曼和罗德·贝克斯特朗用生动的比喻说明了中心化和去中心化组织形式的不同，"蜘蛛和海星看起来有些相似，都是从身体中央伸出几条腿，但它们的本质却大不相同。如果把蜘蛛的头切掉，它就会死亡，而如果把海星一分为二，你就会得到两只新的海星。"作者认为，去中心化组织（海星）比中心化组织（蜘蛛）更具有活力和适应性。

DAO的去中心化特征在实践上有多种体现。在组织结构上，DAO没有固定或单一的领导者或管理者，而是由所有参与者共同拥有并治理。任何人都可以加入或退出DAO，并根据其贡献获得相应的权益。所有参与者都可以对DAO内部事务进行投票表决，并通过共识机制达成最优解。在地域分布上，DAO没有地区或国界的限制，可以吸引全球范围内志同道合的人士加入，并利用互联网进行沟通和协调。最重要的是，DAO没有单点故障或信任风险，也不依赖于外部法律体系或机构来确保其有效性和安全性，而是靠去中心化的区块

---

① 〔美〕奥瑞·布莱福曼，〔美〕罗德·贝克斯特朗.海星式组织[M].李江波，译.北京：中信出版社，2019

链网络来保证安全和稳定。

需要特别说明的是，去中心化并不等同于匿名，更不意味着无监管。有些人认为 DAO 是新的组织形式，所以没有法律或监管的束缚，也不需要注册或申请许可证等手续，不受任何政府或机构的审查或干预。这种观点是完全错误的。一些国家或地区已经开始尝试专门针对 DAO 进行立法或制定指导意见，以期为 DAO 提供一个更安全的发展环境。

1.2.2 区块链的使用

通过链上智能合约来定义和执行组织的规则和流程是 DAO 的必备特点。智能合约提供了一种可信任、可验证、可执行且不可篡改的方式来记录并执行组织内部各种活动。这样可以避免人为干预、操纵或欺诈，并保障参与者之间公平对等。

首先，DAO 的运营需要利用智能合约 [①] 来实现，比如资金管理、奖励分配、项目执行等。以资金管理为例，DAO 可以通过智能合约来收集、管理和分发资金，例如初始募集资金、钱包多签管理、激励发放等。智能合约可以保证资金的安全性和透明度，避免人为的干预和滥用。同时，DAO 需要有链上治理体系，即由社区成员使用链上工具进行提案、投票、公示等治理动作，以决定组织的方向、目标、策略和资源分配。

每个 DAO 往往都会拥有一个健全的提案投票门户管理系统，这也是去中心化治理的核心。每当提案被创建后，DAO 成员可以对提案进行讨论、质询等，提案及讨论内容均在链上对全员可见。在讨论及投票时间结束后，根据结果决定提案是否推进至执行阶段，再交由

---

① 智能合约：一种在区块链上运行的代码集合，可以实现预先设定好的逻辑和条件，比如转账、投票、分红等。智能合约可以保证交易的透明性、安全性和不可篡改性，同时也可以降低交易成本和时间。

社区相应的执行成员对已通过的提案进行执行。

我们描述一个最简单的 DAO 组织提案流程。0x48 对某一个投资 DAO 充满兴趣并想要申请加入该投资 DAO 作为贡献者，并获得相应的贡献激励。在阅读完相应的申请流程后，0x48 向该 DAO 发出了申请。接收到申请后，该投资 DAO 的运营贡献者撰写了提案《关于是否接受 0x48 加入 DAO 的申请》，并将提案发布到治理平台上。所有 DAO 的现有成员在治理平台上进行提问、质询和讨论。在投票时间开始后，成员根据自己的投票权进行了投票（所有过程都在链上进行）。投票结果显示赞成的票数超过了所设置的同意标准，因此该提案通过，0x48 的申请获得批准。该提案接着便进入了执行阶段，该投资 DAO 的技术贡献者在对该提案通过的内容进行技术排期后，将 0x48 加入该 DAO 的信息并存储在了区块链上，提案执行完成，0x48 成功进入了该 DAO 组织。这种去中心化的治理方式可以充分发挥社区的智慧和力量，同时也避免了权力集中或滥用的风险。需要注意的是，DAO 的治理通常以特定通证作为投票工具。

需要特别强调的是，区块链的参与对于协议和产品 DAO 尤为重要，从运营到治理，从建立到发展，协议和产品 DAO 的方方面面都需要使用区块链来实现。首先，协议和产品 DAO 需要部署在无许可的区块链上（公有链），以保证其去中心化的特性，不受任何机构或个人的控制或干预。同时，协议和产品类的 DAO 需要代码开源、地址公开，让所有人都可以查看和验证其运行方式和状态。此外，协议和产品 DAO 的核心业务需要通过链上智能合约来实现，以在提高运行效率和增加透明度的同时，也方便社区成员监督和参与治理。

1.2.3　激励

DAO 需要具备可持续的激励机制，以驱动成员为共同目标而努力。一般来说，DAO 的经济激励通过通证机制来实现。

通证又称作 Token[1]，是一种可以在区块链上流通或交换的数字资产，代表某种权益或价值。对于协议和产品 DAO 来说，通证在成员（或者说用户）与协议本身的交互过程中被发放给操作交互的账户，通常交互越频繁、时间越久则获得的通证越多。其他可以获得通证的方式包括参与投票，质押通证，进行推广等。总之，只要做出有利于 DAO 发展的动作，而这些动作又是可被验证的，就有机会获得通证激励。

通证机制的激励不仅可以是 FT[2]，也可以是 NFT[3]。NFT 社区的"白名单模式"[4] 可以被视为一种参与 DAO 建设而获得 NFT 激励的形式。通常 NFT 项目方（或者发起人）通过理念或者设计吸引成员加入社区，成员在社区中参与贡献即可获得铸造 NFT 的白名单，继而获得 NFT。持有 NFT 通常可以享受某种权益，比如参加社区专属活动，获得实物礼品或者使用特定产品；同时，NFT 本身在二级市场也具有经济价值，DAO 成员亦可选择直接出售 NFT 获取经济回报。

一些 DAO 会综合使用 NFT 和 FT 进行激励，常见的方式有：

- 早期先发放 NFT 给成员，后期再向 NFT 的持有地址空投 FT，这意味着如果早期获得 NFT 激励的成员将 NFT 卖出变现，他们将无法获得后续 FT 的奖励。这种设计可以鼓励早期成员关

---

① Token：a15a 在《一本书读懂 Web3.0：区块链、NFT、元宇宙和 DAO》中将区块链概念里的通证定义为"一种基于智能合约发出的价值流转载体"。

② FT：即 Fungible Token，指的是类似 ETH 这种可以无限分割的通证，比如 0.1 个 ETH。

③ NFT：即不可分割通证，比如 CryptoPunk 只能整个被持有，不存在 0.1 个 CryptoPunk。a15a 在《一本书读懂 NFT：区块链通证、元宇宙资产、Web3.0 营销和数字化身份》一书中将其定义为"一种不可替换、独一无二的加密权益通证"。

④ 白名单模式：指的是一种获取 NFT 铸造资格的方式。白名单的铸造通常比公售便宜，甚至免费。而对于热度非常高的项目而言，可能公售环节并不存在，这意味着感兴趣的人想要加入社区，只能通过获取白名单铸造 NFT，或者从二级市场上买别人使用白名单铸造的 NFT。

注 DAO 的发展，并持续做出贡献。

- 早期先发放 FT，后期再推出 NFT，并指定使用早期发放的特定 FT 进行兑换。
- 通过质押 FT 获得免费领取资格，而后持有 NFT 又可以对 FT 获取速率进行提升。如此操作可以增加成员的归属感，同时也回收了市场上流通的 FT，兼备运营目的和市值管理目的。

总之，NFT 和 FT 的激励设计可以反复叠加，在通证机制中呈现"套娃"效果。

除了通证机制之外，DAO 也可以有其他的激励类型，比如有的 DAO 会向成员发放类似工资的劳务报酬，又如 a15a 作为创作者 DAO 会向参与写书的作者发放稿酬。

DAO 的激励类型并不局限于通证，但由于通证激励可以通过机制设计实现自动发放，因此通证激励在实际情况中往往是最有保障的一种。通证激励的发放有两步，首先成员贡献依据规则被量化，而后由智能合约发放对应数量的通证。其他需要手动评估、计算贡献并且人工发放的激励可能在发放过程中会存在数量上的争议，其时效也完全依赖于个体的纪律性，显然不如智能合约公平稳定。

DAO 不是义工组织，也不是兴趣社团，长久、稳定、按时足量发放的激励是驱动成员持续作出贡献的保障。激励机制不合理甚至缺失的 DAO 注定只能昙花一现。此外，还需要注意的是，DAO 首先是一个组织，那么 DAO 在具备以上三个核心特点之外，需要首先具备组织的特点，比如，明确的目标，体系化的内部规则和人员结构等。

1.3 广义与狭义：DAO 的完备程度

DAO 的特征决定了其与传统意义上的社区拥有巨大差异，但这也为 DAO 的建设设定了一定的门槛。因此，我们在日常生活中所见到的 DAO 并不一定能够完全符合一个 DAO 要求的所有标准。

辨别一个 DAO 是否属于完备的"去中心化自治组织"并不困难。如上文提到，一个 DAO 需要去中心化运营、建立在区块链上并且具备激励机制。当你看到一个 DAO 组织时，可以直接以此为参考，鉴别其是否符合以上特征。

如果一个组织仅仅是以一个"微信群""兴趣小组"等方式存在，并没有明确对应的激励措施，也不存在任何可以参考的投票与治理平台，我们可以直接辨别出这仅仅是一个社区或兴趣类组织，而非一个完备的"去中心化自治组织"。不过在行业中确实存在诸多此类"DAO"，所以我们将其划分入广义的 DAO 范畴：

广义的 DAO 可以泛指跟区块链相关的社区组织，比如本书后续章节会提到的法律 DAO，以及一些 NFT 持有者组成的 DAO。这种DAO 虽然名字叫 DAO，但其实更像是跟区块链相关的兴趣小组，其本身运作并不依赖于链上治理，成员也无法通过链上工具获得自动化的激励回报。

而狭义上的 DAO 是区块链应用中的特定分类，特指一种去中心化的组织，其每位成员均有权参与组织的任何决策，同时也可以根据贡献获得不同程度的经济激励，而这些决策和激励的过程在区块链上公开透明地被执行。

当前市面上也已经拥有了诸多用于 DAO 治理的工具类产品。我们也可以通过 DAO 是否应用了链上治理工具，以及是否完全将治理系统公开部署至智能合约中，来判断 DAO 的完备程度。如果你拥有一定的编程或代码语言阅读能力，亦可通过查看其是否有完整的Github 代码库来进行判断。

DAO 目前的发展仍然处于早期阶段，市面上也有诸多创新类产品与创新的 DAO 试验正在发生。但 DAO 的未来发展应该向哪个方向前进、如何面对 DAO 普通存在的问题、DAO 的未来发展是否一定需要与区块链和智能合约技术绑定等，这些问题都需要在未来的发展中逐步验证。

1.4　DAO 的发展历史

本节对 DAO 的发展历史进行梳理。

1.4.1　去中心化的开始

2008 年，横空出世的比特币网络不仅开创了加密领域，也是业内首个 DAO 的实例。为了解决基于信任的金融系统面临的问题，Satoshi Nakamoto（化名）设计了一套基于密码学原理的电子支付系统，即现在广为流传的比特币网络。在比特币网络中，任何人都可以免许可地进入网络系统，参与到网络维护和建设中。你可以作为矿工来验证、打包网络交易，和全球比特币节点一起维护分布式账本的安全，并赚取 BTC；你可以作为开发者，为这套开源软件提交更新建议，统一节点间的共识；你也可以作为用户，在网络上创建任意数量的钱包，进行交易。整套网络的更新完全由矿工用手上的算力投票决定，没有任何人能独立决定整套网络的未来，甚至 Satoshi Nakamoto 本人也不可以。在精心设计的激励机制下，相比破坏比特币网络，遵守系统规则会令参与者获得更大的利益，这样即使在没有管理层的存在，整个组织仍然能保持极好的安全性和稳定性，而比特币网络的总市值目前已突破 2 万亿人民币，超过绝大部分上市公司。

1.4.2　最初的尝试：The DAO

以太坊网络的问世让 DAO 的建立更加便利，带动了各种类型

DAO 的蓬勃发展。以太坊网络由 Vitalik Buterin 在 2013 年提出，并在 2015 年 7 月正式发布。不同于比特币网络，以太坊上能够自由部署智能合约，并能通过智能合约的组合构建去中心化应用（DApps）。DAO 作为去中心化应用之一，在线投票和去中心化治理的功能天然符合其组织自治需要。在以太坊的白皮书中，Vitalik 就设想了一种基础的 DAO 组织模式，即 DAO 内所有成员共同维护一段自动修改的代码。当组织内超过三分之二的成员投票同意修改代码，该代码就会执行更改。

2016 年 5 月，在以太坊白皮书发布 3 年后，以太坊网络上的第一个 DAO —— The DAO 诞生了。The DAO 致力于构建去中心化的风险投资基金，由社区成员众筹资金，投票决定项目投资。在短短 28 天的众筹窗口时间内，The DAO 就筹集到了共来自 11000 名 LP 的超过 1.5 亿美元的启动资金，约占以太坊网络总资产的 15%，远超创建者的预期。这一资金体量即使在传统风险投资基金中，也是不小的规模。充足的国库资金、广泛的社区共识、确定的盈利模式，The DAO 似乎集齐了成功的所有要素。可惜智者千虑必有一失，同年 6 月，因为 The DAO 创始人对智能合约漏洞没有引起足够重视，The DAO 的金库遭遇黑客攻击。多名黑客利用合约漏洞，前后共转走了约 1 亿美元国库资金。由于资金体量过大，这次黑客事件直接威胁到了以太坊网络的秩序。以太坊社区对这次事件的解决方案进行了多轮争执，直到同年 7 月由所有 ETH 持有者投票决定，对网络进行硬分叉[①]，并在新的网络上抹去了黑客交易。虽然整次事件最后没有造成资金损失，但这次黑客攻击充分暴露了 The DAO 不成熟的资金管理结构的弊端，也为后续所有 DAO 敲响了警钟。

---

① 硬分叉：一种不支持向后兼容的软件升级方式。由于区块链网络共识分裂，导致原有网络根据旧规则和新规则分别生产出两个单独的网络同时运行。

1.4.3 早期发展：AragonDAO 和 MolochDAO

在经历了 The DAO 事件的阴影后，DAO 领域和整个加密市场一起陷入了熊市的寒冬。大家开始认识到安全问题对于所有 DAO 是至关重要的，特别是在合约不可篡改的以太坊网络上。如果 DAO 成员不能免信任地将资金托付给国库共同管理，那么任何 DAO 都无法良好发展。在这一时期，以太坊网络上出现了许多 DAO 协议和工具的实验性项目，为 DAO 领域带来了更好的协议编程标准和经济模型治理范式，其中比较有代表性的两个就是 AragonDAO 和 MolochDAO。

AragonDAO 旨在维护迄今为止最大的无代码 DAO 发行平台——Aragon，通过将 DAO 基础设施作为服务提供给 DAO 的建设者，极大降低了在区块链上部署 DAO 所需的技术知识，也能一定程度上促进了 DAO 国库的安全性。2018 年 11 月，Aragon 正式上线以太坊网络。截止 2023 年初，Aragon 平台已吸引了超 30 万社区成员，构建了超 5000 个 DAO 组织。DAO 的发起人可以在 Aragon 上使用平台提供的静态模版，或是根据现有智能合约组合出所需功能，满足不同性质 DAO 组织的需求。不仅如此，Aragon 平台为促进各个 DAO 实现更民主的去中心化治理，允许 DAO 的创建者在搭建完 DAO 的框架后，将 DAO 的管理权限转移至投票应用程序，由预设的多签或通证持有者进行去中心化治理。

MolochDAO 在 2019 年 2 月发起，旨在通过 DAO 的组织形式解决群体协调失灵的问题，资助和开发 ETH 2.0 的公共基础设施。MolochDAO 构建了一套安全性、可用性、可扩展性并存的简洁开源 DAO 协议 —— Moloch 协议，帮助创建更多服务于不同目标的 DAO。类似于 MVP（Minimum Viable Product，最小可分产品）的模式，大家可以基于 Moloch 协议构建最小可行 DAO，随着实践不断测试迭代。整套协议简洁到只包含三个参数，分别是进贡（Tribute，进贡的金额会进入国库），股份（Shares，股份由 DAO 铸造）和申请者（Applicant，即发送股份的目标地址）。基于这三个基础参数的不同组合，整套协议就可以实现新成员加入提案，资助提案和捐赠提案，满足了一个资助 DAO 的全部基础功能。为进一步降低协调成本，MolochDAO 创新性地设计了怒退（Ragequit）机制和无须法定人数（No Quorum Needed）投票。怒退机制能确保当 DAO 成员真的反对某项提案时，成员有权利在提案通过前退出 DAO，并通过销毁当前股份来换取等值资产。无须法定人数投票区别于大多数治理架构，任何提案通过与否不取决于投票数量的多少，仅取决于是否有超过 50% 的赞成票。由于 Moloch 协议的简单易用性，许多耳熟能详的 DAO 组织如 MetaCartel DAO、Raid Guild，都基于 Moloch 协议蓬勃发展了起来。

1.4.4　协议 DAO 出现：DeFi 之夏

时间来到 2020 年 5 月，Compound（一个知名的去中心化金融借贷市场项目）推出了 $COMP 通证，用户可以为 Compound 提供流动性（放贷或借款）来赚取 $COMP 激励。$COMP 是 Compound 的治理通证，$COMP 的持有者可以对 Compound 上的协议进行更改投票，包括但不限于增加交易市场，改变现有合约参数，甚至升级合约本身。这一事件直接让 Compound 走向了去中心化治理，也催生出了流动性挖矿（Yield Farming）的热潮。流动性挖矿激励着用户通过使用协议来赚取收益，一起参与到协议的治理维护中。越来越多的 DeFi（Decentralized Finance，去中心化金融）协议，包括 SushiSwap、Uniswap，开始通过流动性挖矿向用户分发治理通证。Curve Finance（一个采用自动做市商架构构建的去中心化交易所）在此之上引入了投票托管（veToken）模型，治理通证的持有者可以选择将它们的通证锁定一定时期（锁定后的通证不可交易），来换取 veToken。

veToken 相比原始通证有更大的治理和分红权益，也一定程度上将通证持有者与 Curve 更紧密绑定在一起。种种 Defi 协议的创新带动了协议 DAO 的大爆发，那一时期也被加密领域称为 DeFi 之夏。

1.4.5　遍地开花：ConstitutionDAO

在投资以太坊生态、治理链上协议之外，许多 DAO 开始尝试链接链上、链下活动，让 DAO 的组织形式辐射到更大的应用场景，探索 DAO 的治理边界。社交 DAO 的典型——Friends with Benefits（FWB）DAO 在 2020 年 9 月成立，旨在构建一个由加密思想家组成的 Web3.0 社交俱乐部。因有着对区块链技术和理念的共同热爱，成员们聚集在一起，一起扩大 DAO 在真实世界的协作场景。媒体 DAO 的典型——Bankless DAO 在 2021 年 5 月成立，由一群 Bankless 媒体的活跃用户组成，这些成员有着强烈的去银行化理念，希望将去银行化的理念触及到 10 亿人，推动金融体系走向更自由、安全的未来。事件 DAO 的典型——ConstitutionDAO 在 2021 年 11 月成立，希望通过 DAO 的形式公开募资，竞拍当时唯一一份私人收藏的美国宪法副本。虽然当时筹集资金远超预期目标，筹集资金总价值约 4000 万美元，但由于是链上公开募资，国库资金透明可查，ConstitutionDAO 相当于明牌拍卖，最终难逃失败的命运。

随着时代的发展，我们看到一代代的 DAO 组织在各个领域探索 DAO 的无限可能。从最简单的挖矿博弈到越发复杂的群体协调和治理，在反复试错中，DAO 的生命力越发顽强，应用场景愈发多样。2023 年 3 月 1 日，美国犹他州正式通过 DAO 的法案，DAO 在法律上从此可以被视为独立实体，等同于有限责任公司。未来，我们有机会看到更多 DAO 的尝试，打通链上和链下的界限，推动全球组织模式的变革。

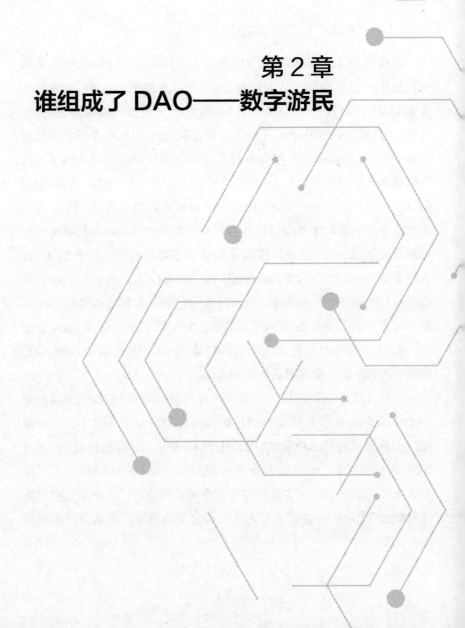

02

第 2 章
谁组成了 DAO——数字游民

数字游民代表了一系列以互联网与信息技术为核心生活方式,并借此打破工作与工作地点间的强关系,尽享地理套利红利,全球移动生活的人群。

2.1 缘起:数字游民与 DAO

数字游民(Digital Nomad)的出现与 DAO 的发展密不可分。

2.1.1 什么是数字游民

时代的创新往往伴随着特定人群在历史舞台的亮相。农耕时代,土地是最重要的生产要素,而站在土地上的农民,便是这个时代最重要的微观个体。他们研究天时、培育农作,将自己的一生牢牢地与土地捆绑在一起,书写了历史。

随着我们步入信息时代,网络关系打破了地理界限的桎梏,全新的社会关系和思维方式正在进行着社会结构的重塑。数字游民便是信息时代的伴生之物,互联网与摩尔定律让地理位置不再成为制约人类生产和生活的关键因素,人类便开始重新思考个人与土地的关系,"游民"因此而走进了人们的视野中。

"游民"是一个古老的词汇。信息时代到来之前,"游民"指的是生活在草原及游牧地区,以游牧方式生活的人类居民。他们随牧草与牛羊而迁徙,寻找水草丰美、气候适宜的最佳牧场。"数字"则指当下人类社会正在经历的数字时代,这是由互联网技术、微电子芯片与数字化社会关系为主导的时代,人类依赖互联网创造的便利的生活和工作环境。

数字游民最早出现于 1997 年前日立公司的 CEO 牧本次雄的著作《数字游民》[①] 中，代表了一种以互联网与信息技术为核心生活方式，完全依靠互联网创造收入，并借此打破工作与工作地点间的强关系，达成地理位置自由和时间自由，尽享地理套利红利，全球移动生活的人群。

数字游民的寓意随时代的发展也经历了重要的演变过程。传统的数字游民、公司制形态下的数字游民以及本书将重点探索的 Web3.0 时代的数字游民，虽然都是以互联网与信息技术为核心生活方式的人群，但其形成原因、表现形式、覆盖人群及分布情况均有差异。可以说，数字游民的演化与这个词本身一样，也源于历史与社会的共同作用。

2.1.2　数字游民与 DAO

Web3.0 的数字游民往往与去中心化自治组织，即 DAO，紧密联系在一起。DAO 的起源与发展推动了 Web3.0 数字游民的诞生，而越来越多的 Web3.0 数字游民也在不断践行着 DAO 的愿景。

作为去中心化自治组织，其去中心化的实质意味着物理世界中将不会有一个中心化的实体办公场所存在。在自治组织中的个体需要独立寻找能够为 DAO 稳定贡献劳动和智慧的物理工作空间。这个物理空间可以是流动的、非固定的，个体可以寻找能够最大化发挥个人生产能力的物理空间来进行工作。

诸多研究表明，便捷的、放松的、气候适宜的自然和社会环境能够让个体的生产能力和思维活跃程度最大化。因此，以在 DAO 进行贡献来作为主要谋生方式的个体便自然地成为了数字游民，他们根据个人偏好、人群集聚、生活成本等因素来选择自己的生活环境，而不

---

① T. Makimoto, D. Manners (1997), Digital Nomad (New York: John Wiley & Sons).

需要考虑工作对地理环境的要求。

简而言之，DAO 的诞生和发展让在 DAO 中进行工作的个体成为了 Web3.0 时代最重要的"数字游民"。来自世界不同地方的"数字游民"跨越地理界线相互交流，又进一步夯实了 DAO 所倡导的去中心化和自治概念。

需要注意的是，不论是 DAO、Web3.0 还是数字游民本身，在当前的社会形态下都并非一个完全成熟的组织形态或生活方式。它们仍然在摩尔定律[①] 曲线的动态发展当中。本书也应站在动态演变的视角下关注与研究，探索数字游民与文化、社会发展和个体实践之间的关联。

2.2　数字游民的演变

如果你在互联网上搜索"数字游民"，你一定会在首页中找到"最适合数字游民的城市"等词条。

2.2.1　传统的数字游民

随着互联网时代到来产生的第一批数字游民，大致出现于 2000 ～ 2010 年。在这段时间里，移动互联网尚未普及，受限于网络基础设施和技术扩展速度等因素，新兴市场经济体的大部分人尚未享受到互联网对其生活方式带来的改变。在这个时代下的数字游民更多集中于发达经济体的一小部分对新兴事物敏感度较高的人群。

在这个时代下的数字游民往往与"义工旅行""背包客""技术探

---

① 摩尔定律是一个对芯片性能提升速度的简单预测，由英特尔创始人之一的戈登·摩尔提出，其理论内容为：科技发展中预计每隔 18 个月，芯片的性能会提高一倍。常常用于对电子信息行业发展速度的预测。Lundstrom, M. (2003). Moore's law forever?. Science, 299(5604), 210-211.

索者"等名词相联系，边旅行边工作是这个时代数字游民的典型生活方式。由于互联网技术尚未大规模普及，这一时代的数字游民往往无法完全通过互联网获得的收入来保障生活需要。

因此，这一阶段的数字游民更多是以低成本旅行、半年工作半年旅行的方式生活。部分国家和地区也因此同步推出了各种类型的数字游民签证，包括义工、教育等。而数字游民与"数字"的交互方式更多局限于通过互联网撰写博客、开发代码或研究互联网新技术应用等。

这一时代的数字游民的生活方式仍是极少部分极客的专利，他们首先利用了互联网技术尝试着打破个体生活与城市和居所的强制联系，也为数字游民的进一步扩张带来了充分的土壤和活力。

2.2.2 公司制数字游民

步入 21 世纪的第二个十年，互联网和移动互联网迎来了井喷式的增长。人类的生活和工作方式在这一阶段彻底革新。以互联网技术为主要业务的互联网公司成为了这个时代最亮眼的组织形式，而这类公司所代表的公司制度、员工福利与企业文化，也是这个时代最前沿的创新代表。

以 Google、微软、Facebook 等为代表的海外互联网公司在这个时代里完成了飞速扩张，高额的薪资和福利也让互联网企业的人才竞争进入到了白热化阶段。企业内竞争环境的加剧和员工健康问题的出现也让这些企业重新思考公司的人力组织形式，让人才的能力得到最高效的发挥。

同时，随着远程办公模式的兴起、跨地区协作的要求及传染病疫情的传播，诸多互联网企业开始实行"远程办公＋办公室办公"的混合模式，甚至是完全采取了远程办公的模式，让此前在互联网企业工作的员工拥有了选择个人工作物理环境的机会和能力。此外，互联网时代也让"零工经济"（一种时间短、灵活的工作形式，通常和用互联网和移动技术快速匹配供需方的商业经济模式）和"创作者经济"（一种指通过支持创作者的方式来促进经济增长和发展的商业经济模式）成为可能，诸如设计师、内容创作者、摄影师等对地理环境和工作时间要求相对灵活的自由职业者也加入了数字游民的行列。

在这个浪潮下，公司制的数字游民开始选择离开生活压力大、生活成本高的超大型城市和地区，在世界不同地区开启了远程办公或自由职业的方式，完全使用互联网和信息技术进行工作并获得收益。这也是当下规模最庞大甚至有部分体系化的数字游民群体。在世界各地甚至产生了诸多数字游民社区及数字游民相关的配套基础设施，包括共享办公空间、协作工具、数字游民生活交流社区等。

随着更多公司选择远程办公的模式以及更多自由职业者和内容创作者的出现，这一时代下的数字游民规模也在指数倍地扩大。2020年，有约 1090 万美国人自称自己为"数字游民"[1]。同时，世界不同地区也涌现出了一批对数字游民友好的甚至专为数字游民而设计的城市和聚落，数字游民以另一种方式完成了集聚。

而这一时代的数字游民，由于能够享受到移动互联网巨头与"零工经济"模式给予的高额薪酬和红利，其生活质量及对生活舒适度的追求产生了极大的提升。比起传统时代的数字游民，这些公司制下的数字游民往往拥有一定程度的积蓄或固定高额的现金流，使用地理套利的方式让自己获得更舒适的人生体验，并探索更多新的生活乐趣，比如度假式酒店生活、瑜伽与冥想、潜水冲浪、极限运动等。

2.2.3　Web3.0 与数字游民

Web3.0 时代的数字游民是公司制数字游民的延伸。正如第 1 章所

---

[1]　MBO Partners (2021), Digital Nomads: 2021 Report on Digital Nomad Trends.

说，Web3.0 的组织形式从传统公司向去中心化自治组织（DAO）进行过渡，而 DAO 天然的去中心化属性与数字游民的特征在本质上完全契合。数字游民在与 DAO 相遇后，寻找到了其最适合的栖息之所。

Web3.0 是下一代互联网的创新产物，Web3.0 逐渐对社会组织形式、社交关系、人才流动等方面带来越来越深远的影响。其带来的金融与非金融领域创新也让数字游民在跨国交流、资金归属和组织关系等方面获得更多便利。

Web3.0 所代表的去中心化、无国界、无门槛等主张，也是数字游民从诞生之初不断追求的精神主张。数字游民将成为 Web3.0 时代不可或缺的重要贡献力量，也是 DAO 这一全新的组织形式下人才效率得到最大化的自然现象。

如果说公司制的数字游民是企业员工想要摆脱当前生活节奏的一种替代生活方式，那么 Web3.0 时代的数字游民则是原生的数字游民群体。这些数字游民的产生并非来源于外部负面因素对其生活、情感、娱乐等需求造成的影响，相反，其产生的动因更多来源于内生因素，这就是所谓"DAO 的精神主张"。

随着 Web3.0 的不断发展，数字游民的群体也在指数倍地不断壮大，如果你在互联网上搜索"数字游民"，你一定会在首页中找到"最适合数字游民的城市"等词条。这也将带领我们深入数字游民的世界，深入探索数字游民产生和分布的地理和文化背景。

2.3　数字游民的聚集地

数字游民已然成为一个遍布世界的文化社群，随着越来越多数字游民的加入，也将有更多城市加入数字游民的列表中，成为数字游民的重要选择。

2.3.1　数字游民的地理分布

正如我们一再强调的那样，数字游民拥有对个人工作与生活物理空间的绝对决定权，也有着传统互联网和固定工作地点的办公时代无法比拟的自由度和灵活度。但这并不代表数字游民在地理分布上完全没有规律、完全没有限制。相反，随着数字游民队伍的不断壮大，数字游民的地理分布也呈现出了重要的规律。

我们不妨先对当前世界上最受数字游民欢迎的城市和地区进行陈列，从中再来探索数字游民地理分布的规律和文化背景。在 Google 首页陈列的数字游民城市／市镇／村落列表中，如图 2-1 所示，包含了如下部分地区：清迈（泰国）、麦德林（哥伦比亚）、布宜诺斯艾利斯（阿根廷）、曼谷（泰国）、弗洛里亚诺波利斯（巴西）、里斯本（葡萄牙）、布达佩斯（匈牙利）、胡志明市（越南）、巴厘岛仓古（印度尼西亚）等。

图 2-1　谷歌首页所陈列的数字游民城市列表

资料来源：Digital Nomad Cities - Google Search, n.d.-b

不难发现，这些数字游民聚居的城市有着诸多共同的关键词：气候环境适宜、文化开放、生活成本较低等。这些城市往往远离传统的金融中心、经济中心等超大型城市。这也是诸多数字游民所追求的重要特征：开放包容的文化环境、便捷经济的社会环境和气候优越的自然环境。

目前，诸多数字游民城市都开始建立各种以数字游民为中心的生活、工作配套服务设施，包括共享办公空间、有高速网络环境的咖啡吧、支持线上线下共同开展的中小型活动场所等。如果你仔细阅读部分城市的移民政策，甚至会发现在印度尼西亚巴厘岛、葡萄牙、克罗地亚等地方，还拥有专为数字游民开设的"数字游民签证"等便利政策。根据 Investopedia 资料显示，约有 49 个国家和地区曾提供或正在提供相应的"数字游民签证"或类似的"工作旅行签证"等政策便利。相应政策要求提供一定的月度固定收入证明（达成一定标准）、缴纳相应税额等，签证有效期为 3 个月到 3 年不等。

2.3.2　世界各地的数字游民

作为世界传统热门旅游目的地的印度尼西亚巴厘岛，如图 2-2 所示，在数字游民时代焕发出了新的生机。由于旅游业发展较早，巴厘岛拥有相对完善的旅游服务配套设施、训练有素的服务业人群，以及相对稳定的治安环境。同时，地处东南亚热带岛屿地区，全年气候适宜，加上新兴市场带来的低廉物价，巴厘岛成为了数字游民的核心聚居地之一。

巴厘岛的地理结构形如一把展开的折扇，机场、城镇与海滩自折扇最南端沿海岸线向北开发。除了极小部分的城镇区域，岛屿的大部分地区仍然保持原始的自然景观和村落。热带雨林、火山、瀑布、森林等自然风光占据了岛屿的大部分区域，这让巴厘岛成为一个自然风光秀美且多元的地区。同时，由于旅游业开发时间较早，岛屿上拥有来自世界各地的从业者和短期移民，让岛屿的文化自由度得到了极大的提升。文化多元、设施完善、成本低廉、气候适宜，让巴厘岛最终成为数字游民的首选聚居地之一。

图 2-2 巴厘岛图片

资料来源：Unsplash, Canggu Beach, Bali

巴厘岛西南海岸线较北部的新兴城镇苍古（Canggu），被誉为数字游民和嬉皮士最多的区域之一。这里拥有着极高的咖啡厅数量、配套先进且完善的健身房、酒吧、冲浪俱乐部、共享办公空间及长租公寓。以"背着包即可安家"为主要理念，让数字游民落地即可开始工作，并可以以较低的物价享受到高质量的服务和生活。在苍古，随处可见正在使用笔记本电脑和平板电脑进行工作的数字游民，并有诸多数字游民社区组织的活动、分享和聚会。

一位在印度尼西亚巴厘岛以数字游民身份生活超过一年的英国全栈设计师雅尼斯分享，选择巴厘岛作为数字旅居生活据点的主要考虑是生活成本、自由度和数字游民聚集的密度。亚尼斯拥有一份较为稳定的品牌视觉设计师工作，为互联网和新兴消费品牌提供平面设计、立体设计、视频制作和品牌策略咨询服务，同时会间歇性地通过朋友介绍、互联网等渠道完成零散的设计委托工作，月收入超过 5000 美元。亚尼斯认为成为数字游民能够让自己有更多机会体验到世界不同的文化，认识有趣的朋友。但同时他也表示，不会长期选择数字游民的生活方式，未来有返回英国安家的规划。

低廉的生活成本、闻名世界的美食、舒适的气候、丰富多彩的社会活动，也让泰国成为数字游民的聚居地之一。泰国曼谷、清迈，是数字游民的代表城市。在曼谷（图 2-3），有着数不清的共享办公空间、东南亚最热闹的美食夜市和酒吧街，来自世界各地的游客、短期居住者和长居数字游民都能够在这里找到属于自己的空间。而相对于曼谷的热情，清迈是一个更加安静的城市。有着不同生活方式偏好的数字游民，都能够在这些地方寻找到属于自己的空间。

图 2-3　泰国曼谷

资料来源：Unsplash, Bankok, Thailand

总体来看，数字游民散布在全世界的各个角落，诸多城市从数字游民的追求中拔地而起，不同的地区、不同的城市，只要符合数字游民追求的生活方式，就会产生数字游民的社区。

2.3.3　中国的数字游民

相对于世界的数字游民浪潮，中国的数字游民仍处于初步发展的阶段，这与中国的传统公司组织形式和人们的文化观念相关。但随着开放的进一步扩大、企业管理的进一步创新和 Web3.0 的持续扩张，中国的数字游民将以可以预期的速度增长。

目前，中国的数字游民仍然以自由职业者、内容创作者为主，包括短视频／长视频创作者、网络作家、摄影师、设计师、手工业主等，他们往往选择文化背景多元和生活成本较低的城市进行居住，对城市与城镇的文化进行采风。但数字游民并未形成主要的聚落，数字游民的实验正在以各种不同的方式进行中。

数字游民的聚落还在形成中，我们可以看到，随着互联网经济与零工经济的兴起与发展，诸多中国式数字游民也在寻找自己的聚居地。云南大理便在这场数字游民的搜索中占据了先机，成为中国数字游民的首选目的地。同时，在北京、深圳等超大型城市，数字游民社区和活动也在不断地涌现。这些社区有的脱胎于此前的田野调查社区、旅居小分队，有的则刚刚兴起，以 DAO 的尝试，不断践行着数字游民的追求。

从一个典型的数字游民的生活路径可以看出这一群体的追求：安霁是一名 29 岁的 Web3.0 项目的社区经理，近期即将从北京搬到大理开始数字游民生活。安霁选择从互联网公司离职并前往大理开始数字游民生活，主要是想要探索新的生活方式，同时亲身求证当下数字游民浪潮是否真正能够让自己达成一些人生目标。安霁认为能够做出这个选择的最主要的原因是，自己通过过往的工作已经积攒了一笔能够让自己在不担忧财务问题的情况下，放松生活 2 年以上的储备资金，因此想要通过 2 年时间的探索，验证自己是否真正适合数字游民的生活方式。

随着 Web3.0 的世界影响力不断扩大，中国的数字游民也将加入这一浪潮，成为世界舞台上的重要力量。尽管当下数字游民的浪潮仍处于初期阶段，但在各类国内外社交平台和分享博客中，我们都可以找到诸多正在探寻或者正在实践数字游民生活的群体。

2.4 数字游民与文化的关联

开放包容的文化孕育了数字游民生存的土壤，独立和自由的表达为数字游民提供了重要的精神食粮。

2.4.1 大理福尼亚：数字游民实验

在 2022 年夏天，在中国云南的著名旅游城市大理，开展了一场数字游民实验，这场实验是没有实验者的。每一个参与者都是研究员，每一个参与者也都是组织者。

这场数字游民实验称为"WAMO 瓦猫之夏"，是来自中国的数字游民在大理开展的一场为期一周的文化活动。在这一周里，来自各个行业、各个地区的数字游民在大理聚集，开展各种类型的活动、市集、讲座与路演。

在这样一个以"风花雪月"闻名的著名旅游城镇中，我们看到了以飞盘社交为主的俱乐部组织、以 Web3.0 为核心的讨论会、以云南少数民族文化研究为主题的田野调查小组，他们自发地组织与开展各种活动，并通过互联网、社区和社群等方式进行宣传，吸纳更多的志愿者参与组织，吸引更多感兴趣的数字游民参与活动。

这一场发生于夏日的盛大活动与以往的大型活动盛事最大的不同点在于，这些相对独立的群体之间并无任何实际联系，也并没有一个核心主办方来进行整体把控，而是相对独立的群体完全通过自下而上的方式聚集到一起，形成了一股无形的号召力量，让这个盛会真正发生。

这场活动结束后，不少来自中国各地的数字游民选择将大理作为其工作与生活的城市，开始他们下一阶段的数字游民旅程。而"大理福尼亚"这个名字的由来，也有非常重要的寓意。

"大理福尼亚"是由参与这场数字游民实验的参与者们创造的，其词根来源于美国西海岸的加利福尼亚州。加州以充足的阳光、开放的文化氛围、来自世界各地的数字游民和互联网企业集聚的"硅谷"著称。"大理福尼亚"以其和加州"旧金山湾区"极其相似的地理环境特征而得名。互联网创作者也将大理的地理特征与旧金山湾区进行了直接类比，从而得出"大理福尼亚"这个称呼。

诚然，"大理福尼亚"与"加利福尼亚"不论在经济发展程度、社会发展水平还是互联网企业聚集方面都有着巨大的差距，但"大理福尼亚"的提出也代表着数字游民对大理的美好憧憬，将大理打造成为一个文化开放包容、数字游民聚居的胜地，为大理的经济与社会发展带来新的动力。

2.4.2　文化对数字游民的拉力

当我们看到"大理福尼亚"的数字游民理想时，我们一定会思考其发生的原因，为什么是大理？为什么这场数字游民实验发生在中国西南边陲的一个旅游城市？

我们可以云南的地理与人文环境为例来对这场数字游民实验进行探索。如果将云南按照地理方位和文化区域划分，大致可以分为以下地区：

- **滇中地区（昆明、楚雄、玉溪、曲靖）**：山间盆地，称为"坝子"。汉族、彝族文化区，民族散居，文化熔炉。以过桥米线、汽锅鸡、大观楼、石林喀斯特地貌为代表的区域。有滇池、抚仙湖以及有活力的现代化城市，关键词是"自由、融合"。

- **滇东地区（文山、红河）**：壮族、苗族文化区。山地与喀斯特地貌，接近越南沿线。普者黑、坝美世外桃源、珠江水系。古人称为"百越地区、象郡"，把酒当水喝。关键词是"自在、豪爽、开放"。

- **滇南地区（西双版纳、普洱、红河、临沧）**：傣族文化区。缅甸、泰文（傣）化区。热带山地、平原过渡地区，有澜沧江

（湄公河）的滋养和古傣王国的聚落。自成一派，古代傣王国的中心，四处朝贺之地。有大象、热带雨林、泼水节。关键词是"热烈、随性"。

- **滇西地区（保山、德宏、怒江）**：景颇族民族聚集区。有腾冲、瑞丽、怒江大峡谷，民族风貌极其多样。由于山高谷深，地理上几乎形成天然隔断，几乎每个村落文化都极具特色。同时也是天主教传教士的云南首站。有独龙族、丙中洛、废城知子罗。关键词是"原始、自然、淳朴"。

- **滇西北（大理、丽江、香格里拉）**：白族、哈尼族、藏族文化区。亮眼的名片，旅游的首选。在苍山、洱海和梅里神山的滋养下，这里的生活闲适、精神富足。深入西北进入藏文化区，充满神秘色彩。关键词是"闲适、自洽"。

- **滇东北（昭通）**：川滇黔交界地区。人民敢拼敢闯，为家乡而出走远方。

- 云南没有滇北。昆明往北就是十万大山。

以往人们对云南的印象也许是一个整体的感受，由于云南地处边疆地区，又山川纵横，往往会给人留下神秘而落后的印象。而云南本身是一个大熔炉，它汇聚了20多个民族的精神风貌，形成了特立独行的文化氛围。你可以说这里既开放又保守、既热情又封闭、既多元又统一。这恰恰形成了数字游民最需要的文化氛围——包容、热情、多元、统一。

多元的民族文化在此相遇，在交融的同时保持了各自独特的风格——数字游民中每个社区都有着独树一帜的风格和特长；自由的表达欲望大放异彩——数字游民的任何角落都充满了讨论和观点；向各种可能性的未来热情拥抱——数字游民对创新与变革的不断追求。一个多元、统一、自由而无领导的世界版图在这里打开。

这是数字游民的追求，也是文化对数字游民产生的巨大拉力。可以说，开放包容的文化孕育了数字游民生存的土壤，独立和自由的表达为数字游民提供了重要的精神食粮。

2.4.3　数字游民与去中心化的追求

从大理福尼亚的数字游民实验到世界数字游民友好城市的共性特征，我们都可以发现数字游民对去中心化的不断追求。

对于数字游民来说，他们是自己生活和工作的唯一裁决者，他们可以参与、决定并对自己所选择的生活和工作方式负责。在时机合适的时候，数字游民可以自下而上地开展各种类型的社会活动，而所有的一切都并不需要一个中心化的机构来领导、组织和推动。

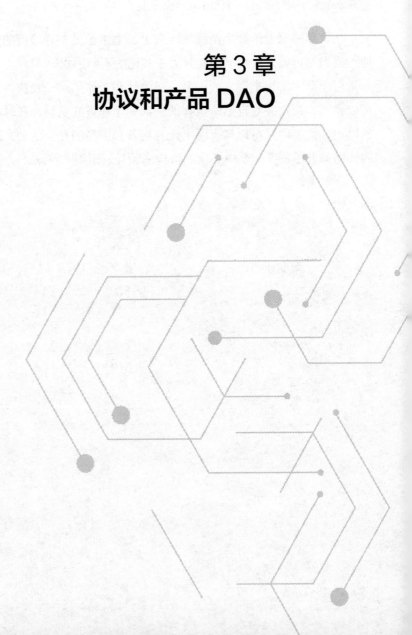

03

第 3 章
协议和产品 DAO

协议和产品 DAO 是最能体现 DAO 和普通社区区别的一个分类。这些 DAO 本身就是一个产品，而其产品本身的运作完全依赖区块链上的智能合约（协议）来进行，所以本书将其定义为协议和产品 DAO。

协议和产品 DAO 的发起者通常是链上协议的核心贡献者。在以太坊智能合约兴起后，大量 DeFi 协议和产品生态开始构建在智能合约之上，加密行业呈现爆发式增长。智能合约是运行在去中心化区块链上的数字化协议，一旦部署，任何人都无法篡改。因此，智能合约和其上构建的协议和应用，相比传统应用程序具有更高的安全性、确定性和可持续性。这些不仅是优势，也是在区块链上构建协议产品的重要考量因素。

相比传统公司制来说，DAO 的治理体系更加适合链上协议的运营和维护。DAO 使用通证进行社区治理，能带来更广泛的社区参与。DAO 交由社区成员共同决定链上协议的参数更改，更能保障协议的安全和可持续性，为协议构建忠实用户群。因此，越来越多的协议创始团队在协议逐步完善的过程中，将协议开源，并将协议维护的决策权下放给用户和广泛的社区参与者，成立了协议 DAO。

协议和产品 DAO 建立之初，往往会基于用户的使用程度和贡献度，向 DAO 的成员发放治理通证，赋予成员集体决策的权利。通证持有者们以直接或间接民主 [①] 的方式，参与到提案治理当中，共同维护协议的安全稳定。提案通过后，提案内容会交由核心团队或贡献者

---

① 间接民主：又称代议制民主，此处指通证持有者将所持通证的治理权利委托给代表，代为履行治理投票等民主权利。

们实施，推进过程受到 DAO 成员的广泛监督。

DAO 的组织模式让用户能共同参与协议的维护，决定协议的未来，相比公司制能更大限度保障协议的反脆弱性，即使核心团队离开，协议同样能平稳有序运行下去。

接下来本书将介绍最著名的几个协议和产品 DAO。

3.1 MakerDAO

MakerDAO 成立于 2014 年，是一个通过发行名为 MKR 的治理型通证，组织和管理 Maker 协议及稳定型币（Dai）的综合系统。2017 年 12 月，名为 Dai（如今更名为 Sai）的超额抵押稳定币伴随着 MakerDAO 第一版白皮书的发布正式流通。MakerDAO 在白皮书中提到，数字世界中流通的主流数字资产如比特币（BTC）和以太坊（ETH）的市值表现出高波动性限制了其作为一般等价物的流通。因此，MakerDAO 希望通过以太坊网络上自动执行的智能合约，以超额抵押数字资产的模式，允许任何人去中心化地发行一种一般等价物，也就是稳定币"Dai"。

通过与智能合约进行交互，个人可以创建金库（Vault），锁入特定类型和数量的担保物，生成一定数量的 Dai。MakerDAO 基于一套复杂且完备的博弈体系，保障 Dai 的价格与美元保持软锚定，即 1 Dai = 1 \$。起初，Dai 只能通过抵押 ETH 生成，到了 2019 年 9 月 23 日，Maker 基金会发布名为《向前看：如何从单抵押 Dai 升级到多抵押 Dai》的博文，正式呼吁社区进行 Maker 智能合约的升级，并重写了 Maker 的核心协议。如今，Maker 协议已经支持 BTC、Link、Matic 等多种数字资产作为担保物，Dai 已然成为了去中心化稳定币的龙头。2022 年 2 月 16 日，Dai 的市值一度达到 100 亿美元，约为当时 USDT[①] 总供应量的 13% 。

3.1.1 MakerDAO 的治理

"治理的目标是建立最有效的方式来保护 Maker 系统的完整性和稳定性。我们通过创建一个分散的、开放的科学风险管理社区来实现这一目标。"

——《MakerDAO 治理风险框架》

MakerDAO 的治理包含链下治理和链上治理两部分。任何人都可以在 Maker Forum（Maker 论坛）参与链下治理。链下治理主要为了促进协议的自由交流，收集未来提案的反馈，或批准决定链上提案内容，如图 3-1 所示。

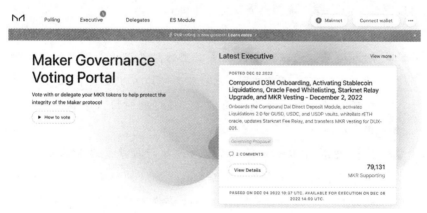

图 3-1　MakerDAO 的链下治理平台 Maker Forum

资料来源：MakerDAO 官网

链上治理使用一套名为 Maker Improvement Proposal（MIP）的提案标准，在治理门户（Governance Portal）上用 MKR 治理通证进行投票表决，保障提案治理的规范化和透明化。全球的通证持有者

---

① USDT 是由中心化机构 Tether 发行的中心化稳定币。Tether 支持 USDT 和美元的 1:1 兑换。截至 2023 年 1 月，USDT 总流通量达 320 亿枚，占稳定币市场的 32%。

均可参与链上治理，通过治理投票（Governance Polls）和执行投票（Executive votesProposals）两种机制管理整个合约生态系统。治理投票用于衡量社区情绪，决定治理流程和共识。而执行投票则通过连续的有效提议（Active Proposal）来对协议的参数变量进行更改。

投票的票数通过加权投票系统计算得到，与投票地址或人数无关，与投放的 MKR 通证数量成正比。比如，5 个地址共投出了 500 MKR 支持提案 A，10 个地址共投出了 100 MKR 反对提案 A，则提案 A 将以 80% 的支持率通过。因此，MakerDAO 为投票设计了委托机制，任何人都可以将手上的 MKR 委托给确认代表人（Recognized Delegates）代为投票，确认代表人需要通过竞选产生。执行投票需要 MKR 持有者预先将 MKR 转移到投票合约（DSChief）中锁定，来获得投票权，但治理投票则不需要这一步骤。

两种投票区别如下：

- **治理投票**：治理投票涉及多个主题，包括费率调整、担保物纳入、治理流程变更等。治理投票可以直观反映 DAO 内成员对现有协议和未来发展的看法，通过的对协议参数更改的投票会最终进入执行投票阶段。

- **执行投票**：MKR 持有者可以通过执行投票管理 Maker 协议，控制 Dai 的金融风险，保障 Maker 协议的稳定性、透明性和高效性。有效提议会获得 Maker 协议的管理权限，执行对协议内部变量的修改。

除了修改 Maker 协议，MKR 通证还可以充当 Maker 协议的资本重组资源。如果金库的担保物价值降低，被判定为高风险资产，Maker 协议将自动化地执行拍卖流程进行清算。清算时，Maker 协议会取出被清算的金库中的担保物，进行担保品拍卖（Collateral Auction）。成功竞价者可以支付 Dai，从被清算的金库购买担保物。Dai 则会用于金库债务偿还和罚金支付。如果拍卖所得不足以偿还金库债务，亏损部分则会由 Maker 缓冲金（Maker Buffer）中的 Dai 偿还。若缓冲金不足，Maker 协议会触发债务拍卖（Debt Auction）机制，铸造新的 MKR，出售给参与竞拍的用户。若触发债务拍卖机制，市场上的 MKR 供应量将会增加，激励持有者积极管理 Maker 生态系统，避免风险的扩大。

3.1.2 MakerDAO 的成员组成

MakerDAO 的成员由提供服务的个人和组织构成，所有内外部参与者独立参与 DAO 的治理，通过 Maker 治理流程签订合同来向 MakerDAO 提供服务。

MakerDAO 的外部参与者有三类，分别是：看护者（Keeper）、价格预言机（Price Oracle）和紧急预言机（Emergency Oracle）。三类外部参与者协同保障 Maker 协议的安全性和抗风险性。外部参与者通常是机器人，但也可以是人类。看护者受套利机会激励，为 Maker 协议添加流动性，通过市场机制将 Dai 的价格维持在 1 美元。价格预言机为 Maker 协议预测担保物的价格信息，保障清算机制的触发与运行。紧急预言机为整套治理流程和价格输入进行兜底，有权单方面触发紧急关停（Emergency Shutdown）机制，也可以冻结某个价格预言机。价格预言机和紧急预言机的选取由 MKR 持有人投票决定。

MakerDAO 的内部参与者通常负责人与人间的协调，如治理协调员主要负责主持沟通和治理流程，而风险团队成员则主要负责研究系统内担保物的金融风险，通过提案来引入新的担保物或修改协议参数来管理现有担保物风险。

3.1.3 MakerDAO 的紧急关停机制（ESM）

MakerDAO 通过市场和社区内外部参与者的博弈保障 Dai 的价格和美元的软锚定。但当黑天鹅事件发酵时，整套锚定机制也会受到波及，进而损害 MakerDAO 生态参与者的利益。

2020 年初，随着新型冠状病毒感染的全球暴发和石油价格战的打响，国际金融市场发生了大面积的恐慌，自 2 月 20 日开始，10 余国股指相继熔断。加密市场同样受到重创，发生了重大的 312 黑天鹅事件，单日 BTC、ETH 跌幅近 50%，如图 3-2 所示。

图 3-2　2020 年 3 月 12 日当日 BTC 和 ETH 单日价格变化图

数据来源：CoinMarketCap

受虚拟货币剧烈波动的影响，大量链上资金出逃或希望换成稳定币，而以太坊网络交易处理速度有限，造成了网络上交易的大面积延迟，甚至失败。金库抵押品的价格大幅下跌，叠加价格预言机的更新延迟，大量抵押品进入拍卖程序。金库所有者为了保护自己的金库资产，只能大批量购买 Dai 偿付债务，市场上 Dai 的流动性被稀释。而网络的拥堵使得外部参与者的清算机制失灵，甚至出现零价拍卖出 ETH 抵押品的情况，Maker 协议系统一度出现高达 540 万 + Dai 的坏账。市场流动性的稀释叠加清算机制的失灵，Dai 的价格一度逼近 1.1 美元，如图 3-3 所示，成为了有史以来最为严重的一次脱锚事件。

为避免此类事件继续发生，MakerDAO 在之后对协议进行了改进，设计了紧急关停机制（Emergency Shutdown Module）来应对极端事件，作为最后手段保证参与者的利益和 Maker 协议的安全。紧急关停机制的启动由 MKR 持有者去中心化地控制管理，他们可以在 ESM

模块中燃烧 150 000 MKR 直接启动。当紧急关停机制启动后，所有 Dai 的持有者和金库用户都有权从他们的金库中立即取出抵押品。

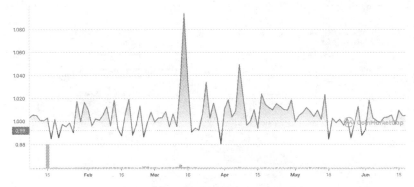

图 3-3 2020 年 3 月 14 日，Dai 的价格达到历史最高点 1.094 美元

数据来源：CoinMarketCap

MakerDAO 的治理从中心化逐渐走向去中心化。前期由 Maker 基金会引导整套治理框架的搭建，随着整套治理流程逐步完善并被社区所接受，DAO 的治理在后期开始充分掌握自主权，基于 MKR 投票管理社区的角色分工和事物性工作。2021 年 7 月，MakerDAO 基金会正式宣告解散，MakerDAO 正式接管 Maker 协议。在 Maker 协议正式走入去中心化治理后，Dai 的发行继续保持着稳步增长态势，并未受到治理变动的影响。

3.2 PartyDAO

PartyDAO 是一个维护群体 NFT 拍卖产品"PartyBid"运行的 DAO 组织。PartyBid 是一个开源项目，允许所有人一起用 ETH 拍卖 NFT。拍卖获胜后，NFT 会自动被分解为 ERC-20 Token，所有参与拍卖的用户都可以获得与他们贡献金额成比例的通证。这些通证证明了持有人对拍卖所得 NFT 的部分所有权，持有人可以用手中的通证来投票决定 NFT 新的出售或拍卖底价。通过 PartyBid，活死人派对（Party）众筹到了 1347 个 ETH 拍得最稀有的僵尸款 CryptoPunks，引起了一时的轰动，如图 3-4 所示。

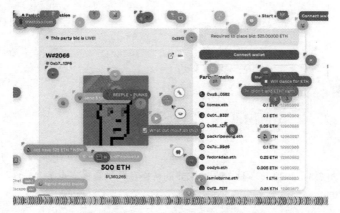

图 3-4　活死人派对当日众筹现场

数据来源：CoinMarketCap

提到 PartyDAO，绕不开的就是其充满 Web3.0 特色的传奇发展史。PartyDAO 从一条 Twitter 的创意点子开始，以 DAO 的形式迅速组织推出 Partybid，后来又发布派对协议（Party Protocal），用以帮助更多组织进行群体协调。PartyDAO 验证了 DAO 作为一种新的组织形式在网络分享和 Meme（模因，模因理论中文传递的基本单位，在诸如语言、观念、信仰、行为方式等在文明传播中的地位，与基因在生物繁衍更替及进化的过程中地位类似）传播加持下的强大生产力。一个不成熟的点子可以通过互联网广泛传播，吸引到感兴趣的社区一起建设维护，最终落地为产品，并且产生收益使参与者获利。

3.2.1　PartyDAO 的起源

时间退回到 2021 年 4 月 16 日夜晚，Paradigm 的研究合伙人在 Twitter 上发起了一个共建活动，邀请所有人一起头脑风暴出有意思的机制设计。

当时，Mirror 的创始人 Denis Nazarov 正好认识到现有 NFT 拍卖存在着诸多反社会的元素，包括 NFT 的持有者只能是唯一的，且巨鲸类似巨款，通常指该用户拥有巨大的筹码在 NFT 拍卖中比普通投资人有着更大的优势。因而，Denis Nazarov 在推文下评论中提及了关于用 DAO 的形式自动化拍卖 NFT 的点子，并列出了这个想法的实现框架。

没过几天，Anish Agnihorti，一名 Paradigm 的研究员，在 Polychain Capital（一家知名的美国数字货币对冲基金）构建了高性能交易系统，就将这套想法转化成了合约代码。他非常谦虚地自称为非全职 Solidity（Ethereum 的一种契约型语言，其语法与 JavaScript 类似，并且旨在定位至 Ethereum 虚拟机）爱好者，并将代码开源在了 Github 上。

随着 Anish 成功将代码落地，越来越多的人加入其中，有同样想法的 Jon Yan 愿意帮助设计前端，有职业的合约工程师 Anna Carroll（后来的首席合约开发者）私信想帮忙做代码检查，还有生成爱好艺术家 John Palmer（后来的项目负责人）申请来做 PM。渐渐地，一个早期的 DAO 就在这样的机缘巧合下成功组织了起来。

2021 年 5 月 6 日，Denis Nazarov 为 PartyDAO 发起了募捐，短时间内就筹集到了 25 个 ETH。为了保证持仓足够分散，单个地址捐款不得超过 1 个 ETH。之后，PartyDAO 开始提案设置贡献者职位、选举贡献者并决定工资预算。

2021 年 5 月 21 日，PartyDAO 的 Mirror 账号发布第一篇文章，当中提到了 PartyDAO 的特殊和未来愿景。他们认为过去的很多 DAO 都共同管理着一个金库，并决定这些钱该如何使用，但他们却是一个完全为产品而生的去中心化组织。他们的主要使命有二：

- 维护 PartyBid——一个可以集体竞拍 NFT 的产品。
- 将 PartyDAO 本身发展成为一个可以长期存在、养活自己的组织。

2021 年 8 月 5 日，PartyBid V1 版本正式上线。2022 年 6 月 9 日，PartyDAO 宣布拿到了 a16z crypto 领投的 $16.4M 的融资。截至 2022 年 12 月，PartyDAO 已聚拢了 152 位成员和超过 20 位贡献者。

3.2.2　PartyDAO 的治理

PartyDAO 基于 $PARTY 通证，通过 Snapshot 投票工具和 IPFS 文件存储系统进行治理。PartyDAO 的提案有着标准化的框架，包括提案状态、预算、提案者、提案细节、通过结果等，保证提案内容清晰、易于理解。提案内容包括预算拨款、职位任免、产品部署与更新。提案者在撰写完提案后会先存到 IPFS 上，并将文件存储链接放在 Snapshot 上开启投票。参与者可以用手中的 $PARTY 通证票选决定是否让提案通过。

3.3　BendDAO

随着 2021 年 NFT 赛道的爆发，NFT 市场规模逐年扩大，截至 2022 年底已超 20 亿美元。但相比于全球加密货币总市值的 8000 亿美元，NFT 的市场仍有着极大的发展潜力，但流动性一直是阻碍 NFT 发展的重要因素。流动性问题产生的原因有很多，包括市场内买家较少、定价困难、参与门槛高等问题。同时，很多 NFT 市场的参与者坚定看好项目的长期价值，往往采用钻石手[①]的投资策略，轻易不卖出自己持有的 NFT 资产。

BendDAO 便是一个致力于解决 NFT 市场流动性问题的 DAO 组织。BendDAO 通过 NFT 抵押借贷协议 Bend（一个热门的借贷协议项目），构建去中心化的点对点 NFT 抵押借贷池。NFT 持有者可以通过

---

① 钻石手：俚语，指的是在经济下滑或投资亏损的情况下仍不出售投资标的的投资者。

向借贷池抵押 NFT 来即时出借 ETH，而存款人则可以通过向借贷池中存入 ETH 来赚取利息。

　　因为整个 NFT 市场规模较小且大多数 NFT 的价格波动性大，为了维持系统稳定，不是所有的 NFT 都能作为抵押品，且各抵押品的抵押率不同。在 Bend 协议刚推出时，仅支持当时市值最高的两大蓝筹项目——CryptoPunks 和 Bored Ape Yacht Club 进行抵押，抵押率为 40%。2022 年 4 月 4 日，经过社区的 7 选 4 投票，又新增了 Mutant Ape Yacht Club、Doodles、CloneX 和 Azuki 四个蓝筹项目。截至 2022 年 12 月份，Bend 协议已支持 8 个蓝筹项目进行抵押借贷，但后续项目的抵押率 [①] 都略低于前两个蓝筹项目，如图 3-5 所示。

Collection		NFTs in collection	Floor price	Active collateral	Available to borrow	BEND Reward APR	Actions
	BoredApeYachtClub	10,000	67.43	289	26.70	15.50%	Borrow ETH
	CRYPTOPUNKS	10,000	63.69	46	25.22	15.50%	Borrow ETH
	MutantApeYachtClub	19,431	14.45	241	4.29	15.50%	Borrow ETH
	Azuki	10,000	12.7	245	3.77	15.50%	Borrow ETH
	Moonbirds	10,000	8.17	5	2.43	15.50%	Borrow ETH
	Space Doodles	5,721	7.24	6	2.15	15.50%	Borrow ETH
	Doodles	10,000	7.24	51	2.15	15.50%	Borrow ETH
	CloneX	19,444	6.40	112	1.90	15.50%	Borrow ETH

图 3-5　截止 2022 年 12 月，BendDAO 支持抵押借贷的
蓝筹项目和可借 ETH 额度
图片来源：BendDAO 官网

　　在抵押借贷的基础上，Bend 协议还实现了预付定金（Down Payment）的功能。用户可以以折扣价，即 NFT 的原价减去 NFT 的可贷款额度，来购买喜欢的 NFT。

3.3.1　BendDAO 的治理

BendDAO 的治理分为 4 个阶段：

---

① 抵押率：可借金额 / 抵押项目地板价。

（1）提案构思和草拟阶段。

（2）提出 BendDAO 改进提案（BIP）阶段。

（3）通过 Snapshot 工具进行链上投票阶段。

（4）实施阶段。

让我们以一个具体的案例来认识 BendDAO 的整套治理流程。在 2022 年 11 月 17 日，一个叫 bingo 的人在 Discord 聊天平台中提案说建议提高蓝筹 NFT 的抵押率。他详细说明了提案动机、改进好处和风险点，这个提案可以提高资金流转效率，提高用户参与率，但也会导致更频繁的流动性危机。

随后，大家开始在 Discord 中各抒己见，完善整套提案。有的人持反对态度，认为这在熊市会为协议引入更多风险。有的人则非常支持，帮忙草拟提案，提议可以设置多个投票选项。最终这个提案构思以 11 票支持，1 票反对的结果成功进入 BIP 环节。

BIP 提案会集中发布在 BendDAO 治理平台上。当提案进入到 BIP 环节，提案细节已经完善了很多。BIP 提案有套标准的模板，需要提案人进一步完善提案细节，包括提案概括、背景、动机、风险分析、案例分析等。因为 BIP 提案是正式指导协议改进的，因此 BIP 的提案不能像之前草拟阶段那样只有想法，需要确定具体的实施参数和选项供大家投票。同时，BIP 提案也承载了记录的作用，创建者在创建完提案后仍需根据论坛中大家的讨论，广泛收集大家的意见反馈，不断更新完善提案，达成社区的共识。

当 BIP 提案通过后，便会进入到最终的 Snapshot 链上投票环节，如图 3-6 所示，BendDAO 的成员可以使用 veBEND[①] 通证进行投票，通过率超过 80% 的提案选项会被采纳实施。

---

① BEND 是 Bend DAO 的治理通证。BEND 所有者可以抵押 BEND 获得 veBEND 用于治理投票。

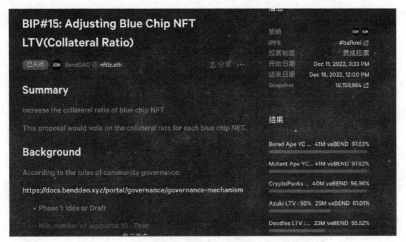

图 3-6　BIP15 号提案在 Snapshot 上进行投票

资料来源：BendDAO Snapshot

3.3.2　BendDAO 的清算危机

虽然 Bend 协议有效解决了 NFT 的部分流动性危机，但当市场持续下行时，NFT 市场的流动性风险被进一步放大，也会引发 BendDAO 自身的清算危机。在 Bend 协议的初始设定中，当 NFT 项目的地板价达到 NFT 质押的清算线时，会进入强制拍卖阶段。NFT 持有者可以选择偿还债务和罚金以保留自己的 NFT，或者任由 NFT 被拍卖，拍卖所得流入 Bend 流动池。但是，BendDAO 团队在设定协议的初始参数时，严重低估了熊市中 NFT 的流动性。2022 年 8 月 21 日前后，大量的 NFT 进入拍卖程序，债务甚至超过了这些 NFT 项目的地板价，原主人没有动力偿还债务，竞拍者也没有动力赚取极其微薄的利润。大量 NFT 无法被卖出，Bend 流动池没有资金注入，BendDAO 一度陷入清算危机。直到 8 月 23 日，BendDAO 核心团队紧急修改协议，下调了起拍价和拍卖时长，流动性才得到了有效缓解。

3.4　MirrorDAO

MirrorDAO 是维护去中心化的 Web3.0 发布平台 Mirror 的 DAO 组织。不同于传统的 Web2.0 发布平台——内容创作者的内容掌握在中心化服务器后台，Mirror 运用区块链技术，将文章内的所有文字信息保存在数据存储专有链 Arweave 上，重新定义了在线出版。即使 Mirror 平台最后不再运行维护，用户仍可以根据当时内容发布的哈希值找到内容数据，真正实现将内容所有权还给用户。和所有的 DApp 一样，用户无须注册账号，只要有自己的以太坊钱包，就能连接 Mirror 平台，开始创作。账户的所有权在 Mirror 上真正属于了创作者自己。

Mirror 创造了新型内容打赏模式，这让每个 Mirror 上的作品都成了收藏品。在 Mirror 上，所有的内容创作都可以被铸造（mint），读者可以花费固定的价格进行铸造，成为这篇内容的收藏家之一。这样不仅可以资助内容创作者，同时每位读者粉丝都成了这篇内容的收藏家，一个自上而下的网络社区就通过大家的收藏家身份构建了起来。前文提到的 PartyDAO 就是在 Mirror 进行了第一轮筹款，构建出了 DAO 的雏形。

MirrorDAO 贡献者之一 Shawn 提到："MirrorDAO 一直强调'少即是多'，核心团队只专注开发底层基础功能，应用层尽量交给社区去做。"这句话精准概括了 Mirror 产品的特点，每个第一次使用 Mirror 产品的用户或许都会被产品的简洁表达所打动。没有复杂的推荐机制、没有刻意的关注引导，如果你对某个创作者感兴趣，可以自行选择是否通过邮件推送，平台上不主动提供推送功能。正是 Mirror 平台足够的开放，很多社区自发基于 Mirror 做了搜索引擎功能，如 Bress、AskMirror、MirrorBeasts 等，让整套生态得以蓬勃发展。

MirrorDAO 的治理包含贡献者（Contributor）和成员（Member）

两套角色体系。成为贡献者需要经过中心化的面试筛选和工作能力检验，入职后负责 DAO 内运营、合作沟通、Mirror Spotlight 筛选和获奖评定活动等主体工作。而成员的职责就是投票和治理讨论，燃烧 1 枚 $WRITE 通证是成为成员的唯一途径。截至 2022 年底，$WRITE 通证的总流通量仅为 970 枚。那么如何获得 $WRITE 呢？目前获得 $WRITE 共有 4 种途径：

（1）$WRITE 竞赛（RACE）。

Mirror 在产品早期采用邀请制模式，经过筛选，邀请第一批 20 名创作者入驻平台。2021 年 2 月 26 日，$WRITE 竞赛启动，每周产品用户都可以投票选出十名参与者，每名参与者各获得一个 $WRITE 的奖励。在当时，燃烧 $WRITE 是体验 Mirror 产品的唯一途径，还可获得专用的子域名。因此，当时的 $WRITE 竞赛为 Mirror 产品带来了 Web3.0 领域的病毒式传播，也为产品早期吸引了最优秀的一批创作者。在 2021 年 10 月后，随着 Mirror 产品向所有用户开放，$WRITE 的用途由体验 Mirror 产品转变为成为 DAO 成员的唯一途径。整个竞赛持续了 38 轮，直到 2021 年 11 月才宣告暂停。

（2）空投。

在 2021 年 8 月 19 日，Mirror 空投了总量共计 302 枚 $WRITE 给到 5076 名 Mirror 活跃用户。

（3）Mirror 反射奖（Mirror Reflection Awards）。

Mirror 反射奖在 2021 年 11 月 5 日设立，旨在奖励那些推动 Web3.0 生态系统进步，尤其是基于 Mirror 工具构建生态项目的人员、社区或项目。很多经典产品如 SeedClub，RSS3，The Graph 就是在这一时期获得了 $WRITE。

（4）Mirror 聚光灯奖（Mirror Spotlight）。

为了奖励优秀的平台创作，在 Mirror 反射奖同期还设置了 Mirror 聚光灯奖，MirrorDAO 的成员会根据创作内容的参与度、写作质量、多样性、愿景进行投票，选出当周平台上最优秀的创作，给予一个 \$WRITE 的奖励。

在限制通证供给量和定向筛选的双重激励下，创作者们以极高的热情参与到通证的竞争中。借此，MirrorDAO 不仅吸纳了行业内最优秀的一批创作者作为种子成员，一起参与维护产品，而且借由这些创作者在 Mirror 上的优质内容，Mirror 的产品影响力得以辐射到更广泛的 Web3.0 群体。

3.5 GitcoinDAO

数字公共产品（Digital Public Goods）是一种数字时代的公共物品，包括信息（通用协议和公开数据集）、文化（电影）、技术（开源软件）等。数字公共产品的生产极大推动了互联网的发展，为人类社会带来了巨大的价值。大量互联网的基础设施都是数字公共产品，如数字百科全书 Wikipedia、操作系统 Ubuntu、大数据开发框架 Spark Apache、应用容器引擎 Docker 等广为人知的软件和应用都是免费且开源的。这些软件由基金会管理运营，同时接受全球贡献者的代码审查和监督，保证了软件的安全性、内容的可靠性和编辑的自由性。

但是，也正因为这些产品是免费且开源的，他们往往会面临着公地悲剧和市场失灵的问题。因为任何人都可以免费使用这些产品，大部分人就没有动力为这种产品付费，市场也无法有效通过金钱来激励贡献者的生产。因此在传统世界中，公共物品往往由政府提供。

Gitcoin 的目标便是希望借助 Web3.0 的技术，通过去中心化的方式纠正数字公共产品生产面临的不对称性，资助以太坊生态上的数字公共产品的。Gitcoin 在 2017 年 11 月成立，通过智能合约来管理和授权项目的捐助资金，保障资金使用的公开透明。为了促进大家对数字公共产品的资助和生产，Gitcoin 设计了三种参与形式：

（1）项目悬赏。在 Gitcoin 平台上，项目方可以发布悬赏挑战，召集顶级人才和团队参与到项目生产中，并根据最终结果进行评比，选出优秀团队给予悬赏金。

（2）黑客松比赛。黑客松比赛往往会限定一个较短的时间。在这段时间内，黑客松选手们可以自由组队，使用众多赞助商提供的工具与协议，构建创新型解决方案，赢取赞助商们提供的奖项。

（3）Gitcoin Grants（捐赠）。Gitcoin Grants 是 Gitcoin 最有代表性和创新性的资助方式，相比前两种参与形式，能更大范围地支持以太坊生态的繁荣发展。从 2019 年 2 月份开始，几乎每个季度 Gitcoin 都会与大型捐赠者合作，如以太坊基金会，构建捐赠资金池，开启 Gitcoin Grants 轮次。在每次 Gitcoin Grants 开始前，所有符合标准的开源项目都可以提交 Grant 申请，通过审核后获得该轮 Grant 的资格。在每轮 Grant 中，个人可以对各项目进行捐款。Gitcoin 通过二次方募资（Quadratic Funding）算法让个人的小额捐款与大资金池相匹配，加权计算出每个项目的最终募资额。值得一提的是，二次方募资算法会更加鼓励群众投票，因此在计算时，算法会更多考量捐助地址数，而非单个地址的捐款资金量。目前 Web3.0 领域广为人知的去中心化交易所（Decentralized exchange，DEX）Uniswap 和前端开发工具 ethers.js 都获得过 Gitcoin Grants 的资助。连以太坊网络的创始人 Vitalik 都不禁称赞道"Gitcoin Grants 的二次方募资不仅仅用于资金分配，它也是一个很好的信号工具！在过去的几轮比赛中，让我发现了很多以前不知道的真正酷的以太坊项目。"Gitcoin Grants 项目捐赠页面如图 3-7 所示。

随着 Gitcoin 的资助规模不断扩大，治理决策权重呈指数级增长，Gitcoin 团队认识到去中心化治理、利益相关者博弈的重要性和灵活性，这也与 Gitcoin 一贯坚持的开源精神相吻合。Gitcoin 团队希望打破 Web2.0 时代大公司构建网络效应后榨取用户价值的传统模式，在吸引成员后为他们赋能，一起变得更好。在 2021 年 5 月，Gitcoin 发行了治理通证——$GTC，正式建立 GitcoinDAO。在 2021 年 5 月的通证空投中，总供应量为 1 亿枚，以 1.5:3.5:5 的比列分配给了用户、现有利益相关者（核心团队和投资人）以及 GitcoinDAO。这样，Gitcoin 相当于给予了用户和 DAO 成员半数以上的治理权利，庞大的社区可以共同参与生态系统决策，包括资金分配、匹配池参数设定等，逐步实现去中心化。

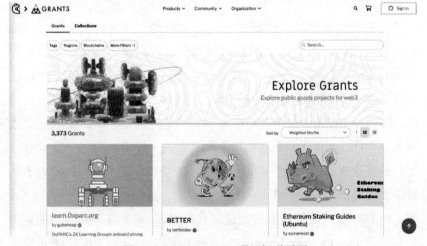

图 3-7　Gitcoin Grants 项目捐赠页面

图片来源：Gitcoin Grants 官网

GitcoinDAO 的治理引用了 Compound 治理框架，只有拥有至少 1% 通证的持有者才能提案，提案通过需要至少 2.5% 的通证参与投票，并有超过 51% 的票数赞成。因为条件较为苛刻，和 MakerDAO 一样，GitcoinDAO 也设计了代表机制，鼓励大家在首次获得通证后，将通证委托给 Gitcoin 管理员（Gitcoin Stewards）代为行使治理权利。Gitcoin 管理员往往由认同 Gitcoin 使命、值得信赖的社区领袖担任，有责任支持 Gitcoin 治理任务，包括 Gitcoin Grants 参数制定、产品优化、反女巫检测 [①] 等。

除了通证持有者和管理员，贡献者是 GitcoinDAO 的另一重要组成部分。新加入 DAO 的成员在经过填表申请、DAO 内审批的流程后，仅拥有了参加会议的权限。要想成为贡献者，新成员可以加入已有工作流或建立新的工作流。工作流是 GitcoinDAO 中的任务组织单位，由非正式想法开始，逐步经过社区的提案、投票，在取得社区支持后，进入活跃状态。处于活跃状态的工作流各自组织内部生产，包括申请预算、确认领导架构等。每个季度，DAO 都会对现有工作流进行评估，确定已有工作流是继续活跃还是结束并归档，工作流的生命周期如图 3-8 所示。公共物品资助、欺诈检测与防御、DAO Ops [②] 等都是长期活跃的，由社区成员自发提出的大型工作流。

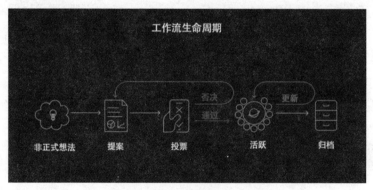

图 3-8　Gitcoin 工作流的生命周期

简单、反脆弱性、模块化是这些工作流的产品设计原则。简单，即把产品做精做好；反脆弱性，即做好产品文档，这样产品即使脱离核心团队，靠社区也能运作；模块化，即让产品间有良好的互操作性。GitcoinDAO 相信去中心化的软件开发优势和成长效率，正如他

---

① 反女巫检测：女巫攻击是一种攻击者通过大量伪造虚假身份破坏网络系统的攻击。反女巫检测的目标就是检测网络中潜在的女巫攻击行为。

② DAO Ops：DAO Operations，Gitcoin DAO 的运营工作流。

们相信并坚持资助开源软件那样。许多优秀的去中心化产品基于工作流被开发了出来，如 Gitcoin Grants 的去中心化版本 dGrants，去中心化的反女巫检测聚合器 dPoPP，社区间相互捐款工具 Quadratic Diplomacy。

为了广泛协调各工作流成员，保障 DAO 整体方向的一致性，GitcoinDAO 每隔 12 ～ 18 个月会制定总目标，包括但不限于协议优化（Protocol Adoption）、Grants 轮次成功（Grants Program Success）、经济可持续性（Financial Sustainability）、DAO 组织（DAO Organization）等多个方面。这样，虽然各个工作流在各自执行任务，但这些任务始终服务于 DAO 的阶段性总目标。

从 Gitcoin 到 GitcoinDAO，Gitcoin 从始至终都致力于解决协作失败。在尚未走向去中心化时，Gitcoin 核心团队通过多种形式协调资助开源软件。在将治理权力下放给 DAO 后，GitcoinDAO 以工作流的形式组织去中心化产品生产，工作流间互联互通，解决软件开发的全球协作问题。通过 GitcoinDAO 构建的庞大去中心化生态系统，全球的开发人员都能享受到 Web3.0 带来的便利协作机制，从开放互联网中获益。

04

第 4 章
社交和孵化 DAO

4.1　什么是社交 DAO

一个优秀的项目总是离不开团队和资金：

优秀的团队，构成项目的血管；

充沛的现金，为项目注入血液。

在 Web3.0 的创业过程中，我们永远绕不开两个话题：

（1）团队的人才从哪里来、怎么用，配套的激励机制是什么？

（2）项目的资金从哪里来、怎么用，收益的分配机制是什么？

在传统的中心化商业组织当中，人才的输入大多是外生性的，任务的分配大多是中心化的，配套的激励机制也是由管理层决定的。同样，初创公司的现金流也大多是通过投融资外生的，通过利用资本杠杆，撬动主营业务产生的现金流，最后按比例为权益所有者分配收益。

在 Web3.0 的去中心化组织形态中，市场上没有对应的专才供应，不论是商科背景的产品经理，还是工科背景的技术专才，初入行业的新人都需要跨过很高的认知壁垒，因此，人才的输入很大程度上是内生的。新人在进入 Web3.0 的行业之前，便需要进行系统化的教学和培养，从而使得人才能够更快地融入这个特殊的行业。同时，在 Web3.0 的世界中，任务的分配是去中心化的，每一个组织成员都可以通过公告栏去认领自己感兴趣的工作，并通过 PoW（Proof of Work）的智能合约验证贡献，获取按劳分配的奖励。

在 Web3.0 的去中心化组织形态中，项目的资金来源也被很大程度地分散化。比如，在传统的公司架构中，股权所有者通常是小部分决策者，但在区块链分布式技术的推动下，股权所有者可以是所有人，资金供给的来源渠道被横向分散化了。

此外，项目资金的流出是通过智能合约投票决定的。这种去中心化的组织模式使得每个团队对资金的支配权力均等化，收益的分配形式也变得更为民主。

简单总结，在 Web3.0 的世界里，项目的人才是外生的，任务的分配是去中心化的，配套的激励机制是公开透明、不受少部分人控制的，资金的流入是分散化的，资金的分配是去中心化的，受益的分配机制是民主的。

4.1.1 社交 DAO 的定义

从广义上来说，社交 DAO 的本质是社群。社交 DAO 将志趣相投的人聚集在一起，使他们围绕着 Web3.0 的世界，讨论前沿技术，分享一线信息。甚至到下一阶段，通过社交 DAO，懂技术的人可以通过远程分布式办公去研发产品，做艺术的人可以扎堆举办时代前沿的创新展览等。在这种观点下，社交 DAO 的核心定位是社群运营。

而从狭义上来说，社交 DAO 的定义就远远不同了。读完上面的内容，很多读者可能都会有这样一个疑问：作为数字游民聚集的群落，难道社交 DAO 仅仅是提供了方便用户交流、合作的社群平台吗？实则不然，社交 DAO 所聚焦的内容要超过纯粹的社群运营。

社群运营本质是信息共享，而相互置换的信息是平等的。通过调查，国内大部分的社交 DAO 具备很强的商业属性，其定位为人才孵化基地、项目孵化基地。在这种社群中，信息的交换和流通是垂直的，自上而下的，有针对性和教育性的。

而就社交 DAO 而言，正因为兼具社群活动运营与人才项目孵化的特点，一般我们可以将其划分为活动向的社交 DAO 和孵化向的社交 DAO。活动向的社交 DAO 是以社群运营为导向的，例如 FWB DAO、LinkZ DAO 等；而孵化向的社交 DAO 是以推进项目生态为导向的，例如 SeedClub、SeeDAO 及 BuidlerDAO 等。

对于活动向的社交 DAO，其组织形态更像是高校当中的学生社团，其目标导向是做社群运营，形成跨地域的、跨行业的社会关系网络。

对比而言，全球范围内，大部分社交 DAO 仍是以孵化等可盈利活动为导向的，其组织形态更像是高校机构，其目标导向是做人才孵化，并向初创项目持续输出人力资源，从而最终孵化出能够落地的产品。在这里，我们将这一类型的社交 DAO 统称为孵化 DAO，它们运营的侧重点，是信息资源、人力资源及现金资源的孵化及再分配。

4.1.2　社交 DAO 的动机

首先，我们要意识到最基础的行业问题：Web3.0 的创业存在认知门槛。比如，创业者不清楚 Web3.0 可以调用的工具有哪些；又比如，DAO 团队并不清楚该如何线上投票组织社群分工；再比如，项目落地后，创业者仍然不清楚如何通过 DAO 实现利益分配等。

因此，行业的劳动力供给属性，会从外生逐渐偏向于内生。

这是个很严重的问题，因为整个行业的人才，都在通过自己的方式去摸索 Web3.0 的世界。从社会学的角度来看，这种认知的差异性会导致人与人之间合作的间隙增大，进而降低整个社会正常分工的执行效率。

在 Web2.0 的世界里，以小红书为例，在产品孵化的过程中，我们首先需要一个融通商业逻辑的产品经理。在产品的孵化阶段，产品经理需要意识到：整个互联网产品的时代背景是什么；有什么样的竞争对手；如果我们自己孵化一个产品，它的差异化竞争优势何在；在产品的增长阶段，团队需要扩充大量的技术专才来优化内容推送。在产品经理的指导下，团队通过迭代版本调整产品策略，推动用户增长，增强用户黏性。

可是为什么在 Web3.0 的世界里，这套通用的策略失效了？

在 Web3.0 产品的孵化阶段，产品经理无法有效学习行业知识，且难以跨越代码的技术壁垒。这主要是基于几个方面的原因：

首先，产品经理不懂技术。

一方面，由于整个区块链技术生态一直在野蛮生长，产品迭代过于频繁，产品经理学习行业的壁垒很高。比如，在 2022 年 4 月之前，稳定币 UST 发展得如火如荼。可仅仅半个月，UST 和美元完全脱钩，LUNA 生态彻底崩溃，整个项目在几年的时间内，迅速成长并消弭。对于一个 2022 年 5 月进入 Web3.0 世界的新人，其认识行业的速度甚至追不上行业变化的速度。简言之，行业的信息更迭过于迅速，同时缺乏一套框架性的学习机制。产品经理需要通过盲人摸象，探索行业的过去和未来。

另一方面，产品经理的出身多为商科背景，存在技术学习的壁垒。对于大部分土生土长的亚洲创始团队而言，跨过语言障碍后，又要解读区块链基础设施层的底层逻辑，挑选出适合产品生态的公链，才能进一步扎根，开始孵化产品。重重壁垒便是新的拦路虎，一个产品经理如果不经过系统性的技术培养，很难锁定一个正确的发展方向。

再者，技术人员不懂商业。

同样地，精通区块链编程语言的技术专才供给严重缺失。对于专才而言，商业壁垒又成了新的拦路虎。区块链技术的本质不是代码的重重堆叠，其间穿插了很多有关货币经济学、股权治理等商业概念。对于工程师而言，早期进入 Web3.0 生态的难度大大增加。

但是，在社交 DAO 建成的基础上，诸如 SeeDAO、BuidlerDAO 一类的组织，大多数会内设教育工会。在教育工会中，一部分人会专门负责带领区块链行业新人入门，并引导新人形成正确的、非投机性的 Web3.0 认知观念。在有效的信息资源供给下，行业的新人会更快地成长，并为探索 Web3.0 时代的前沿做出真正的贡献。

4.2 FWB DAO

FWB DAO 是目前社交 DAO 的主流项目之一。根据官网介绍，FWB DAO 定位深根在 Web3.0 的社群组织，旨在为 Web3.0 的先驱者提供一个由社群价值驱动的平台。

具体而言，FWB DAO 的社群生态非常丰富，其包括但不限于学习区、艺术区、交易区及生活区等多个板块。

- 在学习区，FWB DAO 会每周定期举办线上沙龙，邀请 Web3.0 从业者来做主题分享。
- 在艺术区，FWB DAO 推出画廊（Gallery）产品，可以帮助创作者在网站上拍卖艺术品，并协助宣发等服务。
- 在生活区，FWB DAO 会不定时举办为期 3 天左右的线下活动（FWB Fest），推进俱乐部社群文化发展。

但加入 FWB DAO 的价格非常高昂：需要先申请成员资格，并在审核通过后购买一张价值 75 FWB 通证的门票（如图 4-1 所示，曾经高达约 10 000 美元）才能进入俱乐部。之后，所有的活动信息皆通过 Discord 聊天平台传达给成员。

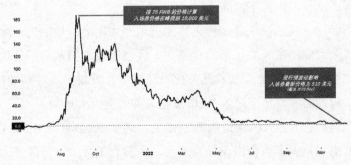

图 4-1　FWB 通证价格示意图（以美元计价）

从入场券的角度来看，你可以将 FWB DAO 视作一个高门槛准入的俱乐部，毕竟一万美元的入场价格已经成为大多数用户的拦路虎。

因此，截留下来的俱乐部成员大多是高净值用户，但这也为俱乐部后期的生态运营奠定了良好的财务基础。

从组织架构的角度来看，传统的俱乐部通常是以中心化的模式展开运营，而 FWB 是通过通证投票模式形成的去中心化模式运营。通俗来讲，在传统的俱乐部中，老大只有一个，所有的活动是围绕着老大的意志为转移。但在去中心化组织中，俱乐部成员享有的投票权平等，俱乐部下一步做什么完全靠投票结果决定。

4.2.1 FWB DAO 的发展历史

在描述 FWB DAO 的成长史之前，我们需要先聊一聊创始人 McFedries。

McFedries 是做音乐出身的，2007 年出道，次年便登上北美音乐热曲榜单前百（Billboard Hot 100），并赚到人生第一桶金。紧接着，McFedries 陆续靠音乐制作和投资驰骋娱乐界。2016 年，McFedries 创造了当时大火的 3D 数字虚拟人 Lil Miquela。

这里要特别说明，Lil Miquela 这一类数字虚拟人的诞生具备着跨时代的意义。早前，像迪士尼一样的动画公司通过创作各类虚拟人物，积累了庞大的 IP 资产。很多奢侈品品牌（例如 Gucci、Loewe）都曾与迪士尼合作推出联名款。而 Lil Miquela 也曾为 Prada、Calvin Klein 做过代言。

注意二者有一个本质的区别：米老鼠的 IP 资产是永远属于迪士尼的，但 Lil Milquela 却可以属于全世界。McFedries 认为 Lil Milquela（IP）未来可以通过 NFT 的形式，转让给 Lil Milquela 的粉丝。那么这意味着，持有 NFT 的粉丝将有权决定 Lil Milquela 会为哪一个品牌做代言，因此，Lil Milquela 将成为粉丝群体意志的民主表达。

McFedries 追逐去中心化的动力很强。在一次采访中，他曾公开表示：他想构建一个完全由用户来驱动产品走向的机制，而不是由某个人来驱动（例如 CEO）产品走向的机制。于是 Lil Milquela 是第一个试验品，而 McFedries 也紧接着在 2020 年 9 月推出了 Friend With Benefits（FWB DAO）。

FWB DAO 整体可以划分为六个不同的发展阶段：

第一阶段：探索社交 DAO 雏型。

- 2020 年 9 月，McFedries 在 Discord 上搭建了 FWB DAO 的论坛，并发行第一代 FWB 通证。
- McFedries 亲自邀请各类创作者加入 FWB DAO。
- 2021 年 2 月初，FWB DAO 的入场券价格突破一万美元。
- 2021 年 2 月底，FWB DAO 原本保存在 ROLL 协议当中的资金被黑客盗窃，通证跌损近 98%。

第二阶段：构建"用户生态 + 财务模型"。

- **拉高准入门槛**：FWB DAO 新建会籍部门。此后若有新人加入俱乐部，需要通过部门审核。
- **构建线下生态**：FWB DAO 在迈阿密策办首次线下聚会（In-Real-Life Events）。
- **购置国库外汇**：FWB DAO 将 7% 的 FWB 通证转化为 ETH 及 USDC（1USDC=1 美元），从而支持多元化支付方式，方便报酬发放及财政预算支出。

第三阶段：搭建各类服务于俱乐部的产品。

- **搭建门禁系统**（Gatekeeper）：方便成员参加活动。
- **搭建动态看板系统**（FWB Pulse）：方便成员看信息。
- **搭建画廊产品**（FWB Gallery）：方便艺术家拍卖作品。
- **搭建网页版杂志**（Editorial）：推进俱乐部社群文化输出。

第四阶段：在不同城市扎根，建立子组织（Sub-DAO）。

- 2021 年 9 月初，FWB DAO 拿到 a16z 领投的千万美元投资。
- **降低会费门槛**：之前入场券价格为 75 FWB，后新增经济版入场券（价格为 5FWB）。

- **新增用户增长信托基金**（Fellowship Trust）：帮助有经济困难的成员加入 FWB DAO。
- **按城市构建子组织**（Sub-DAO）：纽约、伦敦、洛杉矶。

第五阶段：丰富线下生态。

- 新增 10 座试点城市。
- 同轩尼诗合作，开启第一家 Web3.0 线下酒馆——Cafe11。
- 欲购置洛杉矶华人街餐厅 Hop Louie。

第六阶段：丰富线上生态。

- **新增科研信托基金**（Garage）：资助俱乐部成员进行科研，单笔基金最高达一万美元。
- **新增艺术创作基金**（Activation Fund by OpenSea）：OpenSea 捐赠 25 万美元的创作奖金。

4.2.2　FWB DAO 的核心业务逻辑

对于俱乐部成员和运营部门，关注的业务逻辑有所不同。

（1）俱乐部成员：如何融入 FWB DAO。

对于一个想要了解 FWB DAO 的新成员而言，你有三个选择，如图 4-2 所示。

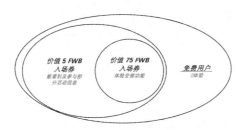

图 4-2　FWB 成为新成员的选择

第一，做免费用户，仅通过官网、Twitter 及周边消息来接触FWB DAO。

第二，支付 5 个 FWB 通证，从而参与 FWB 的线下活动。

第三，提交申请，通过俱乐部审核，并支付 75 个 FWB 通证，成为正式的 FWB DAO 成员。

（2）运营部门：如何不断丰富社群生态建设。

FWB DAO 的线下社群运营很有趣，其团队提出了一个名为 FWB Fest 的概念：FWB Fest 是一种沉浸式、短频快效的 Web3.0 线下活动，其旨在为 FWB DAO 成员提供一个在线下交互的机会，从而推进成员之间的关系，推进社群文化。

场景假设：有一天，某个海外来的 FWB DAO 成员路过了北京故宫博物院，他深深地被中国文化吸引。紧接着，该成员想在故宫旁边的一个四合院儿里上一堂文化课，学习历史文化。此时，FWB DAO 恰巧也有几个中国成员在北京。那么这几位俱乐部成员，便可以在 Discord 当中发起一个提案，询问俱乐部是否可以为他们拨款去办一场文化研讨会。

活动策划与提案：FWB Fest 这个概念的亮点在于，在一个传统的中心化组织中，一个成员想要办一场线下活动，需要和俱乐部的老大做预算申报，那么，这一场活动的承办与否，便取决于老板是否认可。但在一个去中心化组织中，一个成员想要办一场类似的活动，该成员仅须在公告板中作出提案。那么此时，这场活动的承办与否，将仅取决于赞同票数是否过半。

活动执行与落地：当预案通过了俱乐部的投票，活动策划者可以通过 Gatekeeper 制作邀请函。待邀请函被发放到俱乐部公告栏，俱乐部成员便可凭据 FWB 通证参加活动。

4.2.3　FWB DAO 的组织架构

从总框架来看：FWB DAO 可以分为执行委员会（Board）、治理委员会（Governance）和业务部门（Team Leads）三大模块，如图 4-3 所示。

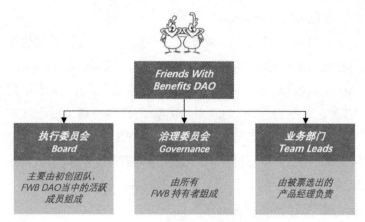

图 4-3　FWB DAO 的组织架构

信息来源：据 FWB DAO 官网信息整理

按传统的中心化思路来拆解一个组织的架构，我们会将其分为三个板块：股东大会、董事会及业务部门。一般股东是出资方，董事会是负责各类业务部门的老大（例如财务首席官 CFO 负责管钱），而业务部门是服从上级业务安排的执行者。

类比来看，按去中心化思路拆解 FWB DAO 的组织架构，如图 4-3 所示，我们可以看到同样有治理委员会、执行委员会、业务部门三个平行板块。但区别在于，去中心化组织架构中的板块之间的人员流动更加自由，也更加宽松。

如果以持股方的视角来分析治理委员会，FWB 通证的持有者可以通过投票决定执行委员会的任免。对比而言，去中心化组织架构中，任一持有 FWB 通证的成员都是股东，且每位股东的投票权一致。

如果以薪酬激励的角度来分析执行委员会及业务部门，积极参与互动、筹办和策划的俱乐部成员，将收到以 USDT（美元稳定币，1USDT=1 美元）形式结算的报酬。

而从细分看业务部门，如今 FWB DAO 整个组织又有五个大方向的专业化分工：

（1）产品部门（Products）。

负责针对俱乐部成员的需求开发产品：例如，俱乐部的线下活动需要验证入场资格，FWB DAO 为此开发了 GateKeeper 门禁产品；FWB DAO 会推出一些 NFT 艺术作品，但如果仅将作品陈列在第三方 NFT 交易平台（例如 OPEN SEA），作品的细节便无法被完整地呈现。为了帮艺术品做更好的宣发，FWB DAO 自己开发了画廊（Gallery），用户遂能通过网页看到作品的背景、视频、拍卖信息等其他相关信息。

（2）编辑部门（Editorial）。

● 保证社群文化运营，持续输出深度、前沿报告。

● 负责每周文摘（Weekly Digest）及"半成品"两个子板块业务。

（3）会籍部门（Membership）。

● 由 15 位委员组成，负责审核成员申请。

● 负责多元化项目，帮助有资金困难的成员加入 FWB DAO。

（4）活动部门（Events）。

● 负责线下活动的策划、运营和组织。

● 联系各类品牌方资源，搭建线下活动场地。

（5）城市规划部门（Cities）。

● FWB DAO 已经进一步扩展其线下布局，在纽约、伦敦及洛杉矶等中心枢纽城市，孵化出以城市地域分布为结构的 DAO。

● 不同城市的 DAO 之间也保持着相对独立的运营模式。

4.3　LinkZ DAO

LinkZ DAO 是一个创立于 2022 年 10 月 10 日的 DAO 组织，创建初衷是为了通过链接 Z 世代以及 OG 的 Web3.0 从业者，从而更好地为人们提供资源方面的支持。LinkZ DAO 的 Co-founder 很多都是从

Web2.0 大厂及世界名校出来的企业主和专业人士，中间很多人都在传统基金或顶级投行中从事过管理层，对于他（她）们来说，Web3.0 其实并不是一条传统稳当的发展道路，但是勇敢的她（他）们依旧愿意做时代的先锋者，亲自挑战 Web2.0 到 Web3.0 范式转换的难题，而 DAO 这种完全违背传统组织玩法的新式组织构造，更是一种挑战。

4.3.1　LinkZ DAO 的发展历史

LinkZ DAO 的发展可以划分为 5 个阶段。

第一阶段：社交 DAO 锻造之路。

2022 年 9 月，LinkZ DAO 发起人 Jenny 在新加坡 Token 2049 峰会中通过 Wechat 搭建了 LinZ DAO 最初的社群，并在新加坡开展第一次线下社交活动。发起人 Jenny 邀请各大机构及交易所创始人加入 LinkZ DAO。

2021 年 10 月初，LinkZ DAO 核心团队组建完毕，开会讨论确定以链接全球 Z 世代和 OG（Original Gangster 元老）从业者资源为主题，Wechat、Discord、Telegram、Twitter 多媒体同步搭建成功。

DAO 人数超 1 万人，成员遍布多个国家和多个行业，社群以 95 后及 Web3.0 OG 为主体。

2022 年 10 月底，成功开展第一场 Space，实时观看人数破 2 千。

第二阶段：构建"DAO 生态＋规则制定"。

● **设置成员门槛**：LinkZ DAO 组建审核部门。此后若有新人加入 DAO，需要填写资料，达到一定门槛才可登记获得 DAO 身份，后续根据资料在 Ethereum 上逐一配发 NFT PASS 为其证明身份。

● **构建线下／线上合作生态**：LinkZ DAO 在新加坡、伦敦、纽约、香港、深圳多地联合或主策办行业生态会议，均获得一定反响。

- **搭建国库外汇**：通过 DAO 内捐献，LinkZ DAO 国库达到 20 万美元，并且规划发行治理通证，LinkZ DAO 通证可映射至法币，从而实现 DAO 内工资的多元化支付方式，方便报酬发放及财政预算支出。

第三阶段：搭建 LinkZ DAO 产品线。

- **构造 DAO 治理系统**：方便管理 DAO 内各类人员事务，以 Bot 自动化程序为主。
- **搭建用户增长 APP**：为后续社交方向业务提供帮助。
- **搭建 LinkZ DAO 媒体网站**：推进社群文化输出。

第四阶段：持续在不同国家、地区扎根，建立当地社交节点。

- 至 2022 年，LinkZ DAO 已经在超过 10 个国家、地区进行过社交活动，为当地 Web3.0 从业者提供了丰富的资源及人脉链接。
- **新增用户增长基金**：帮助有用户增长需求的企业家成员完成营销活动。
- **按城市构建子组织**：目前已在伦敦、中国香港、新加坡、纽约、深圳、中国澳门、北京、上海等城市建立了子组织。

第五阶段：优化线下、线上生态链接。

- 2023 新增 10 个国家节点。
- 同更多的实体品牌合作，开启第一家 Web3.0 线下实体店。
- 开发更多的 DAO 成员线下活动并落地应用场景。

4.3.2　LinkZ DAO 的组织架构

LinkZ DAO 的组织架构如图 4-4 所示，整体分为：事务治理小组、执行策划小组、战略发展小组和媒体宣传小组。

图 4-4 LinkZ DAO 的组织架构

与其他 Soical DAO 类似的是，LinkZ DAO 也在尝试向孵化器方向转变，以创造更可持续的盈利模式，DAO 则只需要执行"社交 + 资源"的功能，汇集了一批 Web3.0 行业专业人士参与贡献，向新项目提供一站式孵化的功能，类似加速器，又不完全是加速器，并且利润结算单位是虚拟货币。

4.4　SeedClub

SeedClub 试图成为 Web 3.0 领域的超级孵化器，这一组织与传统的硅谷孵化器公司有着类似的生意模式，组织主要行使社交通证孵化器的功能，它汇集了一批早期的社交通证发行人及专家，向创业项目提供一揽子支持。遵循着与传统的硅谷孵化器公司相似的生意模式，只是将通证而非美元作为收益。

由组织内的专家提供 6 ～ 8 周的辅导期，帮助孵化项目对接人才、搭建团队，直至它们最终毕业（Demo Day），并向孵化项目收取通证作为服务费。这一组织不断汇聚人才，积累经验，已经成为了目前少数几个获得了明确商业模式和正向现金流的 DAO。

4.4.1　理解社交通证

社交通证在 SeedClub 的推动下获得了蓬勃发展，什么是社交通证呢？不少中心化的创作平台抽成较高，限制创作者的作品内容，减少内容创作者的潜在收入。社交通证围绕创作者个人或者社区，搭建了创作者与其粉丝直接链接的桥梁，从而去除平台的中介作用，直接赋权创作者。创作者发行通证，将自己的个人价值或声誉通证化，粉丝可以通过购买社交通证对创作者提供支持，就创作方向进行投票，或者随着社交通证价值的增长获得收益。图 4-5 展示了 SeedClub 制作的社交通证创作者版图。

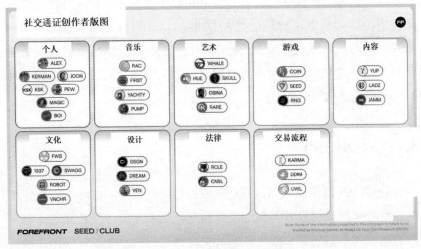

图 4-5　社交通证创作者版图

　　社交通证是由创作者个人或社区发行的，因此可以分类为个人通证和社区通证。个人通证通常由具有公共形象的个人，如企业家或艺术家发行，例如格莱美奖得主 André Allen Anjos（即 DJ RAC）推出了 RAC，该通证的持有者可以享受各种福利，如独家音乐播放列表、通证空投以及接触艺术家本人的机会。创业者 Alex Masmej 发行以个人名字命名的通证，让粉丝资助他的创业之旅，并承诺将未来收入分配给粉丝。社区通证以社区而非个人为中心，持有者可以访问社区资源，参与社区活动或者投票决定社区发展方向，例如 FWB DAO 的通证持有者可以访问 NFT 资源，参与线下活动。

　　这一过程创建了以数字资产为核心的个人加密经济，为创作者与社区成员建立了坚实的纽带。规避中心化机构，创作者获得了吸引粉丝和实现作品盈利的新方法，粉丝从早期支持和持续性合作中获得收益。这种微妙的创新机制在创作者和粉丝之间创造了一个参与性市场，释放了经济参与的机会，提高了其参与度。社交通证的激励模式如图 4-6 所示。

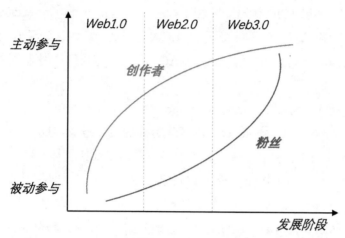

图 4-6 社交通证的激励模式

SeedClub 汇集了一批早期社交通证的发行人和技术与创意专家，帮助创作者构思、创建及推出通证。一个成功的社交通证项目需要创设良好的经济机制，运营繁荣的社区，推出通证，并探索与早期社区价值共同增长的模式。这一组织目前已经完成了四批项目孵化，正在进行第五批项目孵化，助力领域发展，探索社交通证的可持续商业模式。

4.4.2 SeedClub 的发展历史

SeedClub 服务的对象是 DAO，它自己本身也是 DAO，它的主要服务对象是社区类项目，助力将社会资本转化为数字资产。以社区而非具体产品为前提的风险项目很难通过传统途径筹到资金，这一组织的成立是为了填补这一资金缺口，它遵循着"We believe in a world where people, not platforms capture the value created online（我们相信线上价值应当赋予创作者本身，而非由平台俘获）"的理念。

这一组织起始于 2020 年，最初只是一个汇集了 11 位创想者的 Telegram 小组，在不到一年的时间内，团队得以壮大，孵化了两个加速项目，并以 $CLUB 通证开放了社区。在两年时间内，SeedClub 共孵化了四期项目，对于社交通证的扩大化，这一组织认为目前尚只触及了表面，早期的成功例子，如 RAC、ALEX 等项目共创造了数百万美元的市值。

对于入选孵化的项目，SeedClub 主要提供 4 方面服务：

- Proof of Community（社区证明机制）：寻找志同道合的朋友，由一个想法发展成一个有共同使命的小社区。
- Community Building（社区贡献）：寻找建设者，共同建设社区。
- Path to Tokenization（代币化路径）：建立通证模型及策略。
- Maturing Your DAO（社区成熟方案）：讨论包括财库多元化、法务、人才引进、产生收入、DAO2DAO 合作等主题。

并且给每个项目匹配一个寻路者（WayFinder），这位经验丰富的专家帮助项目匹配到合适的资源。

4.4.3　$CLUB

SeedClub 完全由社区管理和运营，$CLUB 作为这一组织本身的通证，它的最大目标是吸引人才为这一组织的发展工作。因此 $CLUB 作为一个有力的协调机制，被用于入职、贡献、策划等方面。任何拥有至少 10$CLUB 的人都被视为正式的社区成员，能够通过投票管理这一组织，并申请加入到工作中来。$CLUB 当前分布情况如图 4-7 所示。

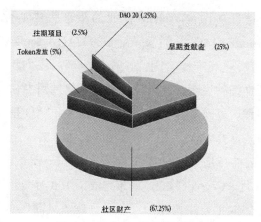

图 4-7　$CLUB 当前分布情况

目前组织的生态系统主要包括以下领域：

- mCLUB：一个旨在支持 Mirror 上创作者的 sub-DAO。
- SeedClub DAO **播客**：每周采访 Web3.0 领域杰出人物。
- SeedClub **贡献者网络**：由 100 多位 Web3.0 领域的顶尖人才组成的不断增长的社区。

SeedClub 作为社交通证的催化剂，鼓励了一批有创造力的通证项目的诞生，致力于帮助创作者和社区在 Web3.0 的世界中航行，推进构筑社交 DAO 的繁荣生态。

4.5　SeeDAO

SeeDAO 是一个基于区块链构建的数字城邦，由去中心化的数字网络和映射在全球各地的物理据点组成，由 SeeDAO 成员共建、共治、共享。其使命是连接 100 万 Web3.0 领域的华人，并促进社区成员的"连接、流动、交换、自由"。为此，SeeDAO 不断为华语世界推出 Web3.0 公共物品，孵化 DAO 的基础工具，建立线下网络，帮助更多人在 DAO 中生活。

SeeDAO 是目前国内 Web3.0 行业的头部去中心化组织。对比 FWB DAO、LinkZ DAO 等活动导向的 DAO，SeeDAO 更侧重于 Web3.0 项目的孵化和产出。因此，在这一节，我们将围绕 SeeDAO 的孵化器展开详细的说明，并讨论在项目孵化过程中 SeeDAO 曾遇到的治理架构问题，以及资金架构问题，分析 SeeDAO 是如何逐渐更迭自己的组织模式，并实现多个产品落地的解决方案。

SeeDAO 的前身是一家 NFT 发行公司——CryptoC。

2021 年 5 月，CryptoC Labs 宣布完成了 160 万美元的融资。而这家公司的业务方向主要是构建加密艺术画廊"风潮"，帮助传统的 IP 进入 NFT 市场，帮助中国艺术家做 IP 推广。

在 CryptoC 的项目落地之后，其创始团队逐渐接触到去中心化组织这一新兴社群治理模式。于是乎，SeeDAO 于 2021 年 11 月创建。

按照 SeeDAO 的首次公开宣言，SeeDAO 当时的业务侧重点是社群运营，重点强调人力资源匹配及培养 Web3.0 人才的服务。不过，SeeDAO 早期的设想并不成熟，整个团队的基因都偏向于内容创作者，而非侧重于产品研发。2021 年 12 月，整个中国适逢互联网行情最差的年景。从 2021 年起，各大互联网公司不约而同走上了收缩的道路，从腾讯、阿里，到快手、爱奇艺、字节跳动……裁员浪潮一浪接一浪，似乎也在宣告着"互联网的黄金时代结束了"。SeeDAO 在这个时候接纳了从 Web2.0 释放出来的大批量优秀工程师团队，这为后来 SeeDAO 的孵化器奠定了非常夯实的基础。

4.5.1　SeeDAO 的发展历史

2021 年 11 月，CryptoC 发文，SeeDAO 成立。

2021 年 12 月底，SeeDAO 进入"产品 + 社群"混合运营的阶段。

2022 年 1 月，SeeDAO 完成匿名融资。

2022 年 2 月，以教育为重点，陆续建立翻译公会及 Web3.0 大学。

2022 年 6 月，CryptoC 正式向 SeeDAO "断奶"。

2022 年 6 月～ 10 月，内部治理及决议混乱，SeeDAO 建立临时决策小组解决问题。

2022 年 10 月，SeeDAO 重设治理架构。

2022 年 10 月，SeeDAO 发出第三次宣言，目标向成为数字城邦远航。

从 2021 年底 SeeDAO 成立以来，DAO 的治理遇到了非常险峻的问题。具体而言，其分为两种利益纠纷：

其一，项目所有权的归属出现分歧。在 SeeDAO 早期阶段，每个团队都会孵化自己的产品。在这个阶段，很多人都在用爱发电，在初期阶段犯了大部分创业者都会忽视的问题，就是没有商榷好项目的归属权隶属于个人、团队还是 DAO。而在孵化的过程中，根据 SeeDAO 的早期治理架构，一个项目会用到各个子公会的资源，项目的团队成员也可能隶属于多个公会。在非常特殊的案例中，例如若该项目定位是 SeeDAO 基础设施建设协议，后期项目产生的收益分流到谁手上，变成了一个非常难缠的问题。

其二，金库中的钱谁可以碰，也出现很大的分歧。在 2022 年 1 月，CryptoC 实际上拿到了机构的投资。但是机构的投资通常要求项目有预期的回报率，所以钱不能乱用。此时，不同的公会如果有各自的资金需求，便和 SeeDAO 的财政政策出现矛盾。

SeeDAO 在解决这个问题的时候，于 2022 年 6 月到 10 月成立了临时决策小组。

临时决策小组由社群遴选，并一共有九人。其间，为感谢这九人的付出，SeeDAO 按每人每月 10 万 SEED 通证的薪水发放给该小组。

解决方案的思路也很清晰：

针对第一个问题：绝大部分项目的归属权将归研发团队所有，但若该项目为 SeeDAO 基础设施建设，并依赖于 SeeDAO 的资源构建，则该项目 100% 归 SeeDAO 所有。此外，在项目发行通证的时候，通过制约原则，需要给 SeeDAO 分配一部分。这种思路其实很大程度上和高校中的实验室没有差别。比如某教授研究出的专利大多数是归其本人所有，但是学校会与其商讨分割部分产权。

针对第二个问题：金库的钱只能用于整个 SeeDAO 的生态建设，公会内部的资金需求由其独立解决。在 2022 年 10 月后，SeeDAO 的最高治理机构会（SeeDAO 节点共识大会）按季度召开，在大会召开的期间，大会可以通过投票决定金库资金的分拨和使用。

4.5.2　SeeDAO 的核心业务逻辑

SeeDAO 的定位是项目孵化导向的。SeeDAO 将战略孵化器作为 DAO 的经济引擎，推进商业项目及基础设施建设项目，实现组织的造血能力。目前来看，战略孵化器在 2022 年共产出 4 个项目。SeeDAO 设立了 TAO 基金，为 4 个项目分别颁发了 10 000 美元的奖励，其中 DAO Link 获得最佳应用奖，额外获得 10 000 美元的激励。

战略孵化器的业务类型可分为两种：Workshop 常规孵化器与加速器。字如其意，Workshop 常规孵化器更侧重于项目从零到一的过程。在这个过程中，战略孵化器的业务流程可以分为三个阶段：第一，寻找种子领袖，从候选者中寻找 CEO，帮助 CEO 组建团队；第二，对整个团队做系统性的辅导；第三，推进团队按预设方向孵化产品，并在产品孵化成功后匹配市场资源。整个孵化周期大概为 2 个月，Workshop 会配备专业的导师和课程，在成功孵化之后，会对项目进行评选，优秀的项目会获得奖金。

另一方面，加速器的业务流程会更简洁。SeeDAO 会寻找优秀的种子项目，如果项目的定位和 SeeDAO 的预设方向一致，SeeDAO 加速器会为孵化的项目提供 50 000 美元的孵化基金，同时占有一定比例的通证。

但与 SeedClub 的对比，SeeDAO 更偏向于人力资源和市场资源的投入。

目前来看，尽管 SeeDAO 拿到不少机构的融资，例如 Hashkey Capital 等，但从各种市场信息可以看到，SeeDAO 在 2022 年熊市的核心策略仍是蛰伏，核心团队在尽最大可能做到开源节流。所以，在整个孵化策略上，我们能看到，SeeDAO 非常侧重于团队的培养。实际上，SeeDAO 的策略非常正确，在当前 Web3.0 的行业发展阶段，市场对资本的需求刚性并不强。整个 Web3.0 生态当中，目前 ToB 端的软件服务一直跟不上，一方面是因为基础设施软件没有被完全开发出来，另一方面是因为智能合约的使用存在一定门槛。因此，对于绝大部分初创团队而言，在 SeeDAO 的支持下，学会使用 Web3.0 的模块工具的意义更加重大。

4.5.3　SeeDAO 的组织架构

SeeDAO 的组织架构如图 4-8 所示，2022 年 10 月后，SeeDAO 重设了治理架构。

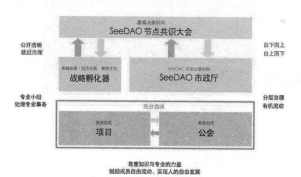

图 4-8　SeeDAO 的组织架构

SeeDAO 构建了最高决策机构（SeeDAO 节点共识大会），并推行两个平行子机构。其中，由 SeeDAO 市政大厅管理 DAO 的行政日程，以及由战略孵化器负责 DAO 的经济发展、基础设施建设。

其中 SeeDAO 节点共识大会按季度召开，遵循一人一票的原则，针对 SeeDAO 的重要事项进行决策。参与节点共识大会的代表，需要负责以下内容：

- 听证上一季度的工作汇报，评定成绩。
- 选举下一届市政厅、战略孵化器的工作人员。
- 审批下一季度市政厅、战略孵化器的预算。
- 讨论市政厅设立的《治理手册》是否存在增减需求，判定 SeeDAO 其他社区规则是否违反元规则。
- 对 SeeDAO 成员的重要提案进行决策。
- 决定下一届节点共识大会的门槛。

在这里，我们重点关注三个治理架构的细节。

有关治理阶层之间的流通：上升的路径非常清晰，参加公会（图 4-9）、项目、公共服务越多，贡献度越高的成员，有更多机会成为下一季度的 SeeDAO 节点；相反，如果存在尸位素餐的问题，治理大会也会根据投票结果决定是否降职某位代表。

图 4-9　SeeDAO 的七大公会

有关财政预算的安排：节点共识大会具备裁决权；市政厅的预算按季度决定；战略孵化器从一开始便锚定 100 万美元，并每个季度讨论额外预算；公会申请中央转移支付的预算受到限制。

有关权责体制的判定：就近治理，专家治理，让最接近、最了解问题的人来做决定。在这种权责机制下，SeeDAO 的公会对自己内部项目的裁决权得到了充分的保证。

4.6 **BuidlerDAO**

在孵化 DAO 一览中，我们重点关注了海外的 SeedClub 和国内的 SeeDAO。这两类孵化器的优势在于资金链相对充沛，对于早期协议的撰写能提供充沛的能源。但诚如前文，国内目前 Web3.0 的科研环境仍受限于"商业人才不懂技术，技术人才不懂商业"的桎梏。究其根本，这种桎梏在于科研教育的缺位。

海外的 Web3.0 优质文章产出非常丰厚，且内容产出密度相当大。例如 Medium、Investopedia 这种媒体网站，尽管此类网站并不标榜自己为 Web3.0 专项媒体，但却聚合了非常多优质的科研文献。

但对于绝大部分国内 Web2.0 的用户而言，囿于语言不通，以及跨境信息的获取壁垒，用户进入 Web3.0 仍需克服诸多困难。海外已经初具规模的 Web3.0 教育信息对于国内的用户而言，实际上仍然是可望不可及。

因此，我们仍然缺少一类特殊的，以人才教育、科研产品为导向的孵化器。

而在 BuidlerDAO 的官网上，你可以看到其宣言中所内涵的传道精神：

- 创造帮助 Web2.0 用户迈入 Web3.0 的学习环境。
- 帮助 Web3.0 新人突破认知成长为 KOL。
- 提供项目孵化所需的人才、资源和市场解决方案。
- 推动中文 Web3.0 优质内容和项目国际化。

前文我们已经介绍了以项目为导向的 SeedClub 和 SeeDAO，那么接下来，我们会重点讨论：以人才孵化为导向的 BuidlerDAO，是如何组织自己的科研团队的，以及又是怎么做到持续产出 Web3.0 专题的深度报告的。

4.6.1 BuidlerDAO 的发展历史

BuidlerDAO 是 2022 年的新锐 DAO，但囿于其成立时间较短，我们这里重点关注 BuidlerDAO 是怎么做到组织高校人才形成学习网络的：

- 2022 年 3 月，浙江大学区块链协会（ZJUBCA）和 Buidler DAO 达成合作。
- 2022 年 12 月，清华区块链协会（THUBA）和 BuidlerDAO 达成合作。
- 2023 年 1 月，复旦大学区块链协会和 BuidlerDAO 达成合作。

自 2022 年年末，BuidlerDAO 深耕后浪，与清华大学、复旦大学、香港大学、浙江大学、多伦多大学、CollegeDAO 等学校或组织官宣合作关系，并与宾夕法尼亚大学、哥伦比亚大学、香港理工大学、深圳大学等国内外高校建立合作。

在达成全面合作之后，BuidlerDAO 一直活跃在各个高校区块链协会的媒体之中，通过官媒公众号、开放麦等形式，帮助学生追踪区块链行业信息、深度学习技术内容。用户加入 BuidlerDAO 的路径如图 4-10 所示。

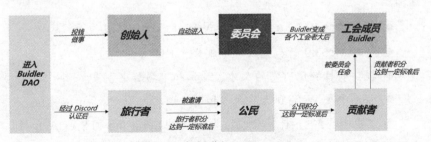

图 4-10　如何进入 BuidlerDAO

信息来源：BuidlerDAO 官网

4.6.2　BuidlerDAO 的核心业务逻辑

文章中频繁提及人才孵化这个概念，但实际上对大部分读者而言，这个名词仍太过于宽泛和抽象。因此下文会先解读 Web3.0 行业中难懂的技术或概念，然后再说明 BuidlerDAO 究竟是如何构建一套教育体系，将晦涩难懂的区块链技术尽数囊括其中，并拆解成为细碎明了的知识碎片，喂给刚刚进入行业的新人，从而形成人才孵化导向的社交 DAO。

（1）Web3.0 世界究竟什么很难懂？

就国内目前情况来看，即便是绝大部分 Web3.0 从业人员，对底层技术的架构也是不求甚解。

以以太坊公链为例，我们可以将这条公链由下到上，分割为三层：Layer1、Layer2、Layer3。Layer1 是公链最底层的共识机制，这个共识机制决定了"信息是如何被加密上传且不能被更改的"基础逻辑。Layer2 是 Layer1 的补充计算机制，Layer2 决定了"如何一次打包很多信息，并如何将结果递送给 Layer1"。以上，Layer1 和 Layer2 的框架近似于互联网世界中经常谈及的数据基础设施建设，这些底层框架决定了数据是如何被加工、上传并储存的。

以 2022 年为例，各个机构在重点关注的方向也是基础层建设。大家都在研究如何快速地、节约能耗地（Gas fee）、真实地构建公链底层建筑。按常理，这种底层机制是靠编程工程师来决策的。但 Web3.0 和 Web2.0 早期最大的差异在于，Web3.0 的可供选择的底层逻辑繁冗，且 Layer2 的补充算法机制也各有利弊，这就导致了很多生态层的产品经理也需要深度认知底层的共识机制和算法模式。

至于 Layer3，就是我们常规意义上的生态层，也就是 Web2.0 时代常见的 App。在这里我们会看到两种 App：DeFi（Decentralized Finance，去中心化金融）和 Non-DeFi（非去中心化金融应用）。

- DeFi 其实就是在模拟现实世界中的金融，但其用代码算法替代了人工服务。交易所、借贷平台、稳定币（理解为通用货币）是最常见的几种协议。
- Non-DeFi 就是去中心化的社交软件、游戏和音乐版权生态。就目前而言，若以美元计价，DeFi 应用仍然占据了整个生态世界近 70% 的市场份额。Non-DeFi 尚未成熟，留有很大的开发余地。

到了生态层，新的问题诞生于通证经济。在 Web3.0 的世界中，协议所属权的界定不依靠于股份制度，而是依靠通证经济体制。一个项目在诞生的时候，就会确定好通证分配比例。而随着时间的推移，通证总量也会不断扩增，就需要对应的通缩机制，那么如何在通证不断发行过程中，保证每个通证的价值不会缩水，这就要用到很多宏观经济学的理论。所以对于工程师而言，也同样要构建经济学的理论框架。

（2）BuidlerDAO 的投研体系。

如图 4-11 所示，BuidlerDAO 下设了五个工会，包括投研、技术、教育、项目、运营五个方向。

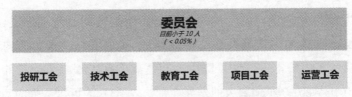

图 4-11　BuidlerDAO 工会架构

由于 BuidlerDAO 成立时间尚短，谈产品的孵化尚早。但我们可以重点关注投研、技术、教育、运营四个部门。

总的来看，BuidlerDAO 投研的内容深度要远超于国内其他 DAO 的研究深度。一方面是由于 BuidlerDAO 的创始团队是阿里产品出身，所以几个领头的组织者对底层协议架构的认知颇深，同时具备理论和实践经验。另一方面，是有关于前文提及的高校人才网络。很多高校计算机、大数据相关专业的学生组成了 BuidlerDAO 的新鲜血液。目前而言，很多 Web3.0 前沿的年轻人，在读书的同时会在一些早期风险投资机构任职，所以，这群人撰写的行业报告和案例研究，兼具了前沿和深度两个属性。

BuidlerDAO 的投研体系逻辑非常清晰：从选题到落地，从落地到发行，都有各个部门的领头人来负责。在投研产出阶段，对比于其他投研 DAO 的内容产出，你可以看到 BuidlerDAO 的内容生产会在两个细节上有鲜明的差异点：

第一，投研深度。BuidlerDAO 针对 Layer1、Layer2 的研究有非常强的框架性，会根据各个 Web3.0 项目的白皮书追踪到最底层的代码文本，再展开到各个指标的构建，判断项目的可行性。反之，浏览国内其他投研 DAO 的信息产出，更多是讨论项目协议的表层逻辑，揉杂了很多海外的碎片信息，最后不会输出任何有效的结论和命题。

第二，投研广度。BuidlerDAO 的理论研究框架不限于项目协议的分析和结构，会衍生到经济学和社会学的命题。根据部分产出结果来看，撰写研究的笔者是接受过系统性的经济学、社会学课程培养的。

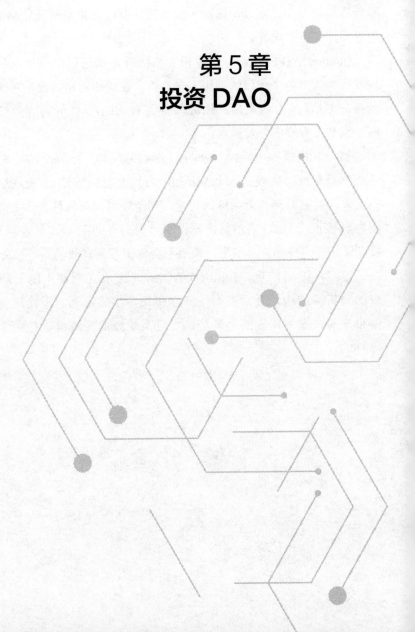

05

第 5 章
投资 DAO

投资 DAO 并不是什么新鲜的事物。事实上 DAO 的鼻祖——The DAO 就是早期投资 DAO 的实践，是大众普遍认可的第一个 DAO 组织。以太坊创始人 Vitalik 首次提出 DAO，并指出 DAO 可用的资金由“DAO”投资于任何人从任何地方提交的提案，并鼓励全球范围内的创新，同时提供传统众筹的替代品。

基于此，The DAO 出现了，且致力于众筹投资。虽然因为黑客的攻击只存活了 3 个月，但 The DAO 当时取得了价值超过 1.5 亿美元的融资额，至今仍是全球最大的众筹项目。

因此，从某种程度上来说，投资 DAO 是 DAO 的起源。而从发展看，倾向于成为一个投资 DAO，或发展出投资 DAO 的业务，也似乎成为 DAO 成长路上的一个阶段：大家都希望从其他项目的收益中分一杯羹，或者分散一些风险。

总体来说，投资 DAO 的基础建设和使用工具发展还不够完善，且相关法律还有所缺位，这在一定程度上限制了投资 DAO 的发展，不过投资 DAO 仍然构成了所有 DAO 类型中占比很大的一个部分，并蓬勃发展。

本章将介绍投资 DAO 的概念和实践案例。

5.1　什么是投资 DAO

5.1.1　投资 DAO 的定义

在讨论投资 DAO 的更多细节之前，需要明确投资 DAO 的定义。投资 DAO 的英文全称是 Investment Decentralized Autonomous Organization（英文简称"Investment DAO"），需要注意的是，在区块链这个新兴行业的大语境下，Investment DAO 经常与 Venture DAO 划等号，因为新兴行业总是与风险投资高度相关。但实际上 Venture DAO 是 Investment DAO 中的一个大类别，Investment DAO 的涵盖面更广，例如 NFT 投资 DAO、服务 DAO 和辛迪加 DAO 等这些以投资为目的的 DAO 都属于投资 DAO。

简而言之，Investment DAO 就是从 DAO 成员处筹集资金，发挥成员的群体智慧将所募集的资金投资到不同的资产中。这听上去和"众筹"有点像，不过，DAO 运行在区块链的智能合约上，这意味成员往往通过通证实现对 DAO 的治理和维护。

5.1.2　投资 DAO 的特点

通过上述投资 DAO 定义，可以得知投资 DAO 基本有以下几个特点：

- 组织建立的目标是投资。
- 运行在区块链智能合约上，其发行的通证对组织治理具有至关重要的作用。
- 成员通常通过投票确定投资、出售或分配利润等。
- 调动群体智慧进行决策。需要注意的是，群体智慧和集体决策在投资 DAO 中经常被混淆。集体决策可以是群体智慧体现的一种结果，但集体决策强调民主从而牺牲效率，群体智慧可以更好地集合众人的智慧进而转化为决策。群体智慧并不强调民主和公平。
- 调动群体力量挖掘更多投资机会。
- 资金的直接来源是 DAO 成员，通常存储于一个地址中，需要多签批准交易。

5.1.3 投资 DAO 的类型

根据以上定义和特点，投资 DAO 主要可被划分 5 种类型：

（1）风险基金 DAO。

也就是 DAO VC。这是投资 DAO 中最基本的类型，目前还演变出"风险投资 DAO+基金"的模式，例如 MetaCartel DAO、The LAO，组织一些建设者、投资者，可以通过有限合伙人（LP）筹到外部资金。该形态在发展过程中遇到的最大瓶颈是过于专注做出投资决策，而缺乏赋能。

（2）辛迪加 DAO。

这种形式伴随 DAO 基建完善而出现，由 Syndicate Protocal 主导推进。其工作原理是在母 DAO（parent DAO）之下设立多个子 DAO（sub-DAOs），每个子 DAO 围绕着主题进行投资（类似专项基金），而母 DAO 对子 DAO 收取费用进行管理，同时母 DAO 成员可以加入子 DAO 并参与每项投资。该形态的优点是可以充分发挥细分领域专家们（研究员、KOL 等）的优势，缺点是当前的基础建设仍然不够完善，不能够完全满足其设想。

（3）孵化 DAO。

该形态不是财务投资者，而是提供初始孵化服务来换取项目的部分所有权，而其所提供的孵化服务着眼于社区服务和构思计划，典型的代表有 SeedClub、YGG。

（4）服务 DAO。

该形态也不要是财务投资者，而是将专业人士，例如工程、审计、设计、法律、研究、财务管理等人员聚集起来，通过提供专业的服务来换取部分项目所有权。典型的代表有 Wgmi、Thing3。

（5）NFT 投资 DAO。

这与其他的投资 DAO 有一些轻微的差异，即部分 NFT 单价较高，另外 NFT 还具备一些艺术价值、收藏价值或者其他效用，有时候 NFT 投资 DAO 也会被划分到收藏 DAO 中。典型的案例有从 LAO 中剥离出来的 Flamingo DAO、NFT 基金 Oneof。

5.1.4 投资 DAO 的运营模式

投资 DAO 的资金来源一般通过公开渠道获得，并且主要有两种，即销售通证或 NFT 来建立资金库，或从个体或者机构处募集得到。此外，从发展历史看，源自机构的资金，尤其是风险基金的资金正在越来越积极投资 DAO。

投资 DAO 与传统 VC 运作模式大致相同，并且随着技术的进步，"投资 DAO 成为 VC 未来的一种演化方向"的呼声越来越高。传统 VC 主要有四个环节，即募资、投资、管理和退出，对应地，投资 DAO 的运作流程主要是募资、提案、投票和退出，具体而言 VC 和投资 DAO 在运作上有如下不同之处：

- **募资端**：投资 DAO 较传统 VC，极大地降低了参与者的资金门槛。
- **治理的模式**：投资 DAO 基于区块链技术，用社区提案、投票来实现对投资和对投资项目的管理。
- **退出的情况**：投资 DAO 更加灵活，既可以通过资金退出来完成退出这一行为（例如通证、NFT），也可以通过提早参与项目的构建（例如成为某个区块链游戏的早期玩家来获得更多游戏资源）来实现退出，并且退出周期也大大缩短。

5.2 BitDAO

BitDAO 是目前最大的投资 DAO，这个"最大"指的是金库规模。它由新加坡大型衍生品交易所 Bybit 于 2021 年创建，管理着约 25 亿美元资产。

可以将其视作是 Bybit 的去中心化资金库，BitDAO 创立的目标是分配大量资金和人才资源来促进 DeFi 增长，除此以外还会通过类似 Gitcoin 的捐赠形式支持区块链技术发展，并通过通证交换支持现有和新兴项目。

5.2.1 BitDAO 的发展历史

BitDAO 的启动主要以融资线为主，经历了私人募集—宣告成立—众筹拍卖—接受捐赠四个大阶段。

2021 年 6 月 16 日（北京时间，以下同），BitDAO 宣布从 Peter Thiel、Founders Fund 等机构处通过私人募集的方式获得了 2.3 亿美元的融资。2021 年 8 月 3 日，BitDAO 才被正式推出，并于 8 月 16 日通过 SushiSwap 的 MISO 以荷兰拍的方式进行众筹拍卖，吸引了大量投资者认购，轰动一时。据新闻报道，拍卖开启 50 分钟内，参与者近 6100 人。

根据 BitDAO 官方信息，拍卖活动筹得了超过 3.8 亿美元的资金。这里有一个小插曲：Paradigm 研究合伙人、白帽黑客 samczsun 在 BitDAO 众筹过程中发现合约漏洞，联系 SushiSwap 提前完成了其中一个众筹池的拍卖，而这个漏洞价值是 3.5 亿美元。

拍卖结束后的第二天，即 8 月 17 日，BitDAO 开始接受 Bybit 及合作伙伴的捐赠。据新闻报道，2021 年 9 月 12 日、2021 年 11 月 13 日、2022 年 3 月 20 日，Bybit 依次向 BitDAO 国库捐赠了等值约 6000 万美元、8580 万美元、5600 万美元的 ETH、USDT 和 USDC（按当时价格计算）。

5.2.2　BitDAO 的运营模式

尽管 BitDAO 由 Bybit 交易所创建，但并非一家公司，没有管理团队和员工——BitDAO 发行的通证为 BIT，BIT 的持有者实际控制 BitDAO。

从 BitDAO 的愿景看，该组织实质上是中心化交易所 Bybit 在 DeFi（去中心化金融）领域的业务布局，且主要承载三大功能：

- DeFi 协议研发。BitDAO 有自己的 DeFi 产品，支持其生态合作伙伴，并为新兴 DeFi 项目提供孵化服务。
- 为生态合作伙伴提供流动性服务，例如 DEX（去中心化交易所）、借贷、合成等。
- 为项目提供资金，例如通过捐赠（例如通过 Gitcoin）支持区块链技术、项目。

除了首次拍卖筹款和接受其他合作伙伴捐赠，BitDAO 国库持续性的资金主要源自 Bybit 承诺的期货交易量的 2.5 个基点（该 2.5 个基点基于 50% 名义费用计算）。根据公开资料，以 2021 年的利率计算，该部分资金每年贡献超过 10 亿美元。自 2022 年 9 月 16 日起，Bybit 调整了贡献策略，其贡献的资产组合由原先的 50%ETH、25%USDT、25%USDC 转变为 100%BIT，与此同时引入回购、销毁机制。

如图 5-1 所示，据 DeepDAO 最新数据（2023 年 4 月 13 日），BitDAO 国库总金额约 26 亿美元，其中，BIT 构成了国库主要资金，约 67.6%，其次是 ETH，约 20%。

值得注意的是，如图 5-2 所示，设计之初，大部分 BIT 归 Bybit 持有，分别是 Bybit Flexible、Bybit Locked，合计持有 60% BIT，这部分用于 BitDAO 研发支出、支持 Bybit 业务增长、奖励 Bybit 或者 BitDAO 研发中心的员工或利益相关者。

通证排名	通证名	美元价值 / 百分比		通证余额
1	BIT BIT	$1,731,906,27...	67.6 %	3,319,959,35...
2	ETH ETH	$517,563,281.6	20.2 %	269,946.6
3	USDC USDC	$221,582,055.3	8.7 %	221,737,271.4
4	USDT USDT	$73,964,848.8	2.9 %	73,912,371.0
5	FTX Token FTX Token	$8,505,987.0	0.3 %	3,362,316.0
6	APEX APEX	$3,388,529.5	0.1 %	11,000,000.0
7	xSUSHI xSUSHI	$3,231,074.9	0.1 %	2,132,234.8
8	ABSHIBA.com ABSHIBA.com	$899,636.8	0.0 %	8,824,230.0
9	SFP SFP	$238.9	0.0 %	500.0
10	KLAY KLAY	$6.2	0.0 %	25.8

图 5-1 BitDAO 国库资产

图片来源：源自 DeepDAO 网站 2023 年 4 月 13 日显示数据

摘要- 发售前分配情况

类别	总供应量	发行时可使用	限售期	解除限制
私人销售	5%	0%	3 个月	12个月内进行分配
合作伙伴	5%	5%	无	无
BitDAO国库	30%	10%	3个月	12个月内进行分配
Bybit Flexible	15%	15%	无	无
Bybit Locked	45%	0%	12个月	24个月内进行分配

图 5-2 BiDAO 的通证经济学

图片来源：BitDAO 官方 Wiki

5.2.3　BitDAO 的治理模式

BitDAO 归 BIT 持有者管理，BIT 实际上是 BitDAO 的治理通证。

BitDAO 持有者可以参与社区的提案、讨论并进行投票。注意，在投票前持有者必须先进行委托（可以委托给自己），否则不能进行投票或者创建提案。在未来的版本中，BitDAO 会支持无须委托也能投票，且可以委托多人而非一个人来完善链上治理。

另外，Bybit 目前是 BIT 最大的持有人。BitDAO 声称其将投票权委托给各种实验室、风险投资等实体（投票委托这一行为无须许可），而这些实体承担以下职责：

- 提出合作伙伴关系（互换合作、捐款、BIT 应用场景）。
- 为 BitDAO 做建设，并创建新工具、产品。
- 维持提案水准，且提案必须对 BitDAO 和合作伙伴项目有利，并在可经协商和约定的条款下执行；
- 引入他人加入 BitDAO。

5.3　The LAO

The LAO 专注于遵守美国法律，且推动了《怀俄明州 DAO 法案》使得 DAO 在怀俄明州得到法律承认，风险投资机构对此通常津津乐道。

The LAO 的全名是 Limited Liability Autonomous Organization（有限责任基层民主机构），是首个合法盈利的 DAO。The LAO 成立于2020 年 4 月，由以太坊爱好者和专家组成，旨在与传统风险投资相结合，支持以太坊建设者的工作。

The LAO 主要通过 DApp（去中心化应用）和相关智能合约来实现成员对区块链项目的投资，其初始服务提供商为 OpenLaw、

MolochDAO。OpenLaw 用于创建智能法律项目，这使得成员可以引用或触发以太坊智能合约来管理契约。MolochDAO 则主要是一个投票加权的多重签名智能合约，相当于安排了成员的退出，使得成员退出时可以获得与其投票比重相当的托管资金比例。

5.3.1 The LAO 的合法性框架

The LAO 合法性框架的设计值得借鉴。

该组织注册于美国特拉华州，并遵守美国特拉华州的法律。目前成员仅限于美国法律规定的合格投资者，需要其拥有相应的财务条件或专业知识，提交 AML-KYC 文件。

The LAO 的成员上限为 99 名，投资者通过购买代表 The LAO 所有权的 LAO Units，购买 1 个单位的 LAO Units 需要支付 310ETH，1 个 LAO Units 对应 0.9% 的投票权和 0.9% 投资收益，每个成员最多只能够买 9 个单位的 LAO Units。

这种架构虽然存在一定的限制，但好处是可以避免合伙企业的法律适用性等问题，且避免了实体和持有人重复缴税。

根据 The LAO 官网最新数据（2023 年 3 月 11 日），目前成员们已贡献了 18 378 个 ETH。

5.3.2 The LAO 的治理模式

The LAO 的治理模式比较简单，The LAO 的成员且持有 LAO Units，就可以提名项目并进行投票，参与投资决策以及退出投资。

项目方可以向 The LAO 提交符合要求的资助提案，成员在看到提案后会决定是否提名项目以资助该项目。若项目获得 50% 以上成员的批准，则项目方将以可转换票据的形式获得融资，且融资款项以 ETH 的形式支付，对应金额通常为 2.5 万美元～ 5 万美元不等。

据 DeepDAO.io 最新数据（2023 年 3 月 12 日），The LAO 国库

中的 AUM（资产管理规模）由 2021 年巅峰时期的 3440 万美元缩水至 340 万美元。

5.4　FlamingoDAO

成立于 2020 年 10 月，FlamingoDAO 由 The LAO 通过合约创建、孵化而来，并致力于投资 NFT、部署 NFT，可以视作是 NFT 领域的知名投资 DAO。

FlamingoDAO 的实体是注册于美国特拉华州的有限责任公司，与 The LAO 有着近似的法律结构和治理模式，同样采用 OpenLaw 和 Moloch 进行管理，成员必须是美国法律规定的合格投资者，总人数不得超过 100 人。

要进入 FlamingoDAO 需要以 60ETH 的价格购入 10 万个 Flamingo Units，10 万个 Flamingo Units 代表 1% 的投票权和收益比例，一个成员能拥有的最大份额为 9%。Flamingo Units 一般不可以交易转让，除非另有约定。有很多杰出的行业人士希望加入 FlamingoDAO，因此 FlamingoDAO 收到的加入申请很多，新成员进入需要现有成员批准，并且现有成员能决定什么时候开设新会员资格。

新成员的加入是通过分摊现有股东的股权实现的，据 DAO 成员在一次播客中透露，新成员进入的成本约为 3000 个 ETH。新成员进入后可以从 FlamingoDAO 整个运营周期的所有投资中获得收益，而不仅仅是从未来的投资中取得收益。

一定程度上，FlamingoDAO 比孵化它的 The LAO 更成功，其启动资金约 6000 个 ETH，而根据其官网最新数据显示（2023 年 3 月 12 日），成员们已经贡献了约 20 212 个 ETH。这种成功还体现在其出色的投资案例以及成员活跃度上，这与它的治理、决策流程和对成员的筛选分不开。FlamingoDAO 不仅仅收藏有众多知名且昂贵的 NFT 系列，例如 Cryptopunk 系列、BAYC 系列，还参与 NFT 基础设施的股权投资，例如参与市场份额最大 NFT 交易平台 Opensea 等。

FlamingoDAO 的成员每两周就会进行一次交流，讨论潜在的新投资方向，并确定是否应该调用 DAO 中约 20% 的资产去购买新资产。

若成员对项目有想法就会进行提名和投票，投票通过，则有两种方式跟进这一项投资（二选一）：

● 按比例给会员分配资金。

● 创造代表收益利息的可交易通证（例如 NFT 碎片化）。

其余的退出、投票决策与 The LAO 是一样的。

另外，若一个成员要流转资金，需在其他成员批准后将自己在 DAO 中的份额转让给另外一个成员。若有多个成员同时周转资产，则由多数成员来决定如何实现流动性。

5.5　MetaCartelDAO

MetaCartelDAO 脱胎于 MetaCartel 社区，后者在 2017 年时就已经存在，原本旨在建立一个由创始人和建设者共建的生态系统。

MetaCartelDAO 拥有法人实体 MetaCartel Ventures（MCV），专注于投资早期的 Dapp 项目，因此，可以说，它是第一个风险投资 DAO。

Zapper、Rarible 等知名项目是 MetaCartelDAO 的投资案例。手握如此多的明星投资案例，MetaCartelDAO 在行业中的地位很高，同时其对成员的筛选标准很高，便聚拢了许多行业内知名的投资人和明星项目创始人，有着较强的马太效应。

MetaCartelDAO 的治理模式是"代码＋法律＋自我约束"。

与 The LAO 一样，MetaCartelDAO 的实体注册在特拉华州，也采用了 OpenLaw 和 MolochDAO 的服务，以便成员能够退出。为了更好地解决成员退出等问题，MetaCartelDAO 使用了有限责任公司（Grimoire）法律框架，在 DAO 成员之间形成了一份以自愿为原则，具有法律约束力的协议。

MetaCartelDAO 中对成员管理设不同分类，分别是 Mages、Goblins 和 Summoners：

- Mages，DAO 成员，可以是非合格投资者。
- Goblins，DAO 成员，合格投资者成员。
- Summoners，不一定是 DAO 成员，运营代表。

MetaCartelDAO 没有治理通证，只在 2022 年发布了一个实验性的新社区通证——辣椒（CHILI），需要 DAO 成员通过社交工具 Discord 认领，并不对外公开发售。CHILI 的持有者可以用 CHILI 获得 rCHILI，从而兑换一些特殊的社区 NFT。

该组织的成员体系和社区通证并不那么吸引人，事实上 MetaCartelDAO 目前暂停了接收新成员。这主要是因为 MetaCartel DAO 是个有钱也进不去的 DAO。其准入门槛并不高，个人的准入门槛在 10ETH，机构在 50ETH，但希望进入组织的成员应该向 DAO 的其他成员进行自我推销，争取到足够的支持才有机会成为其中一员。

MetaCartelDAO 现在拥有超过 60 个 DAO 参与者、800 余名社区成员。

5.6 SyndicateDAO

SyndicateDAO 并不是某个 DAO 的具体名称，而是指一种 DAO 类别。

Syndicate 原本是一个经济学术语，是一种垄断形态，即一个 Syndicate 内有许多大企业，而各企业的商品销售和原料采购由总办事处统一办理，不能独立进行。而 SyndicateDAO 就是旨在让 Web3.0 社区和一些具有专业知识的投资人、投资机构聚在一起，形成一张巨大的社交网络从而实现集体投资。

这种类别的 DAO 形态由 Syndicate Protocol 提供技术支持，也是由 Syndicate Protocol 创造出来并向市场推广。Syndicate Protocol 实际上是一种用于支持风险投资 DAO 的基础设施，旨在让普通人也有机会联合起来参与到区块链项目投资，并极大降低了普通人的参与区块链风险投资的资金门槛。

启动一个 SyndicateDAO 的平均成本是 1.2 万美元，因而是一种与股权众筹相对应的投资 DAO。

通过 Syndicate Protocol 提供的服务，SyndicateDAO 的运行将会在合法的框架下，但目前只支持特拉华系列有限责任公司（Delaware Master Series LLCs）或者特拉华独立有限责任公司（Standalone Delaware LLCs currently）的法人实体。

当前 Syndicate Protocol 已经吸引了超过 1 万个 SyndicateDAO 在上面创建，而其背后的投资人包括 Andreessen Horowitz、IDEO CoLab Ventures、Delphi Digital、Kleiner Perkins 等，最新一轮的 A 轮融资额达到了 2000 万美元。

5.7 投资 DAO 的主要风险和发展问题

相比其他类型的 DAO，投资 DAO 的目标与利益密切相关，吸引着许多人前去探索。投资 DAO 目前还是新技术、新事物，因此面临着一些风险，且风险主要来自安全、法律。

根据 DeepDAO.io 数据，DAO 的数量经过 2021 年的井喷式发展，资产管理规模（AUM）由原来的不足 10 亿美元发展至现在突破 150 亿美元。

规模增长使其面临的法律、税务风险陡增。由于 DAO 具有一定程度的匿名性，监管层面可能以洗钱或是查税为由进行打击，或者被监管机构视作证券买卖而被调查，例如 SEC 在 2021 年就将 The LAO 视作证券。除非法律框架是明确的，但目前能提供一些投资 DAO 基础法律框架的地方只有开曼群岛、美国怀俄明州、美国特拉华州以及新加坡。

安全也是投资 DAO 的风险重灾区，特别是代码层面、智能合约的缺陷，都会使得投资 DAO 的资金面临丢失风险，稍有不慎就可能使资产归零。

此外，还有一些风险来自操作不当以及成员道德风险等，例如成员交易时输错数据或者转移社区资产做他用等。

上述这些隐患还只是投资 DAO 需要解决的基本问题，若想取得较大成功，投资 DAO 还需要克服一些额外的障碍，这些障碍主要围绕"人才"，而"人才"相关的问题恰恰是当前的普遍痛点：

- 留住优秀的核心贡献者，需要及时引入经济激励机制，并使得激励去到它应该去的地方。
- 适时对人员进行淘汰，以保证 DAO 的效率，避免一些不作为的成员搭便车。
- 激活潜在人才并使其持续做贡献，与优胜劣汰同样重要。让成员看到优秀的核心贡献者被激励只是一方面，更重要的是让他们相信通过积跬步的努力，他们也会获得他们想要的成就并且被认可，从而迈出第一步甚至无数步。

06

第6章
游戏 DAO

2021 年，NFT、区块链游戏、DAO 轮番获得市场热度，在这种背景下，为了组织更多玩家更好地从游戏中获得收益，大量的游戏 DAO 如雨后春笋冒了出来。

在这波热度之前，游戏公会是游戏 DAO 的雏形。然而游戏公会初期是为了让玩家更好地玩游戏，由于区块链游戏的特殊性质，游戏公会向玩家租赁游戏资产以便降低玩家玩游戏的门槛，从而催生出了一门生意，也就是游戏 DAO 比较普遍的商业模式：通过向玩家借出资产，与玩家进行分成。

随着游戏 DAO 的发展，也出现了一些为某些公链生态或某款游戏专门服务而产生的 DAO，这种游戏 DAO 更像项目孵化器。

目前已知的知名游戏 DAO 会有重点支持的游戏项目，并会向游戏投入资产，也有游戏 DAO 以输出区块链游戏的投研资讯为主，相对前者，后者的运营模式更轻。

本章结合具体案例来解析游戏 DAO，并澄清两个容易混淆的概念：游戏 DAO 和游戏玩赚 DAO。

6.1 什么是游戏 DAO

游戏 DAO（Game DAO）是在 Web3.0 游戏产业中产生的新概念，基于 Web3.0 游戏的弱中心化特征，创新出了去中心化的参与组织。

6.1.1 游戏 DAO 的定义

本书对游戏 DAO 的定义是，为 Web3.0 游戏提供服务的去中心化组织。Web3.0 游戏建立区块链的基础设施上，相对于传统游戏项目，Web3.0 游戏内资产一般是可自由交易和转让的 FT 和 NFT。基于此特征，Web3.0 游戏的金融属性更强，自然形成玩游戏即赚钱（Play to Earn，P2E，以下简称"玩赚"）的创新模式，这种模式对行业初期快速发展产生重要作用。在 2021 年，Web3.0 游戏 Axie Infinity 爆火后，Web3.0 和游戏融合的概念在行业内达成共识。

当前，服务 Web3.0 游戏的多数仍然是中心化组织，例如传统的游戏商或团队转型打造去中心化游戏。但在行业内也创新产生了很多去中心化组织建设 Web3.0 游戏。

Web3.0 游戏现阶段发展以 GameFi 为主，因此游戏 DAO 常会被与游戏玩赚 DAO（GameFi DAO）划等号。从英文看，Game DAO 和 GameFi DAO 仅有两个字母"F""i"之差，实际上，GameFi DAO 是 Game DAO 的类型之一。

TheBlockRes 的分析师 Calm Donut 认为游戏 DAO 和游戏玩赚 DAO 的显著区别在于 DAO 成员对游戏的参与程度。例如，一群玩家们加入一个游戏 DAO 后，最大目标应该是共同玩游戏，而加入一个游戏玩赚 DAO 的最大目标是玩家们如何通过玩赚类型的游戏实现收益最大化。

还有一个容易与游戏 DAO 混淆的 Web3.0 游戏参与者——游戏公会（Game Guild），因为两者的目标一致，并且游戏公会可以成长为游戏 DAO，而这关键性的一步便是发行通证。

需要注意的是，有一个与游戏 DAO 同名的 DAO 项目——Game DAO，该项目对游戏 DAO 展开了一些系列探索。从该探索的举措中可以具体感知到游戏 DAO 和游戏玩赚 DAO 不一样的地方：游戏 DAO 声称自己是一种协议，帮助游戏创作者、电子竞技组织和游戏玩家建立自己的 DAO，并且通过为游戏创作者提供 DAO 工具来完善游戏项目的创意构思并且辅助融资。

6.1.2　游戏 DAO 的特点

综上，我们可以概括出游戏 DAO 的一些基本特点：

- 组织的目的是游戏最大化，比如帮助发行一款游戏或者为游戏提供创意。
- 通过发行通证实现治理、激励。
- 是游戏开发者、发行商和玩家连结的枢纽。

游戏 DAO 根据在游戏行业扮演的不同职能型角色，可被分为公会类游戏 DAO、平台类游戏 DAO、游戏玩赚 DAO。

游戏玩赚 DAO 主要目的是组织玩家参与游戏并获取收益，由于 Web3.0 游戏资产较为昂贵，该类 DAO 可以借出资产帮助玩家玩游戏，最终根据比例分成收益，这种类别的 DAO 有 Yield Guild Games、Merit Circle 等。值得注意的是，当这类 DAO 的规模扩张到一定程度，就会往平台 DAO、游戏 DAO 方向发展。

平台类游戏 DAO 主要愿景是服务于 Web3.0 游戏项目，帮助其 NFT 资产发行和交易，例如 TreasureDAO。

公会类游戏 DAO 往往是 Web3.0 游戏去中心化社区，一方面促进开发者和玩家的联系，另一方面给予社区成员一定治理权限，共同建设游戏，比如游戏 DAO。

接下来将会结合具体案例来感知游戏领域不同的 DAO。

6.2　Yield Guild Games

Yield Guild Games（以下简称"YGG"）是 Web3.0 游戏世界里最具影响力的游戏公会之一，也是目前最大的 Web3.0 游戏公会。

YGG 最初只是一个围绕 Web3.0 游戏《Axie Infinity》的玩家公会，由 Gabby Dizon、Beryl Li 和 Owl of Moistness 于 2020 年 10 月共

同创立，主要负责招募玩家、培训玩家甚至为玩家提供借贷。2020 年新型冠状病毒感染期间，许多菲律宾人失去了工作，YGG 注意到玩家可以通过出售《Axie Infinity》中的游戏道具小爱药水（SLP）来赚取收益，于是开始推广这一玩法，并帮助玩家从《Axie Infinity》的打金玩法中赚取收益，逐渐声名大噪。

2021 年，NFT 接棒 DeFi 热潮，游戏成了 NFT 热潮中的一个分支。一些敏锐的机构注意到了《Axie Infinity》里潜藏的机会，向 YGG 伸出橄榄枝，于是 YGG 发展迅速，并发行其治理通证，实现了由玩家公会至 DAO 的蜕变：

- 2021 年 3 月，Delphi Digital、BlockTower、Scalar Capital、Youbi Capital 等向 YGG 投资 132.5 万美元。
- 2021 年 6 月，YGG 从 BITKRAFT、A.Capital Ventures、Atelier Ventures、Fabric Ventures 等机构处取得 400 万美元融资额。
- 2021 年 7 月底，YGG 发行通证，从中获得了 1249 万美元发展资金，正式成为一个游戏 DAO。这意味着持有 YGG 的人都有机会参与到社区的治理，并享受 DAO 的财务资产分配和福利。
- 2021 年 8 月，YGG 宣布从 A16z、Kingsway Capital、Infinity Ventures Crypto 等投资机构处取得 460 万美元 Pr-IDO（IDO，首次去中心化公开发行）融资。

发展至今，YGG 参与的游戏不仅限于《Axie Infinity》，还投资、参与了《League of Kingdoms》《F1 Delta Time》《The Sandbox》《Zed Run》《Guild of Guardians》《Ember Sword》等知名 Web3.0 游戏。

6.2.1　YGG 的治理模式与架构

YGG 创始团队是 YGG DAO 最核心也是最早期的参与者，另外 YGG 的早期投资者、资产所有者、区块链游戏玩家等也是 YGG DAO

的扩展成员。根据 YGG DAO 的规划，持有 YGG DAO 通证的人最终会取代创始团队，成为协议的治理人。

这意味着 YGG 网络上的成员都可以通过 YGG 网站发送提案，并由生态系统中的参与者进行投票，决策将基于投票产生，并通过分布式系统实施。提案通过者将获得一些通证以资奖励。

提案、投票内容包括但不限制于技术、产品和项目、通证分配和结构治理。

以上就是的主要治理模式。此外，YGG 还有 Sub DAO（子 DAO）的架构，类似于 YGG DAO 就是母公司，下设多个分公司，用于满足 YGG 全球社区的不同需求以及特定游戏的资产、活动托管。子DAO 的主题可能围绕特定游戏展开，也可能是 YGG 在某个区域的本土 DAO，例如 YGGLOK 是 YGG 在一款名为《王国联盟》区块链游戏中的子 DAO，YGG Japan 则是 YGG 在日本的区域性子DAO。

子 DAO 中的资产由 YGG 财务部门（即国库）收购，完全拥有，并通过多签硬件钱包控制。另外，子 DAO 可以发行自己的通证，但需要将部分通证提供给子 DAO 社区。子 DAO 通证持有者的提案、投票需和具体游戏机制有关，目的是激励社区将财务部门管理的资产发挥作用。

据 2022 年 YGG DAO 年终发展报告，至今 YGG 已和 80 多个游戏和基础设施合作伙伴建立了合作，并扩展出了 10 个子 DAO：

- YGGLOK ——《王国联盟》的游戏子 DAO
- YGGSPL ——《Splinterlands》的游戏子 DAO
- YGG SEA ——除菲律宾外的东南亚区域性子 DAO
- YGG Japan ——日本的区域性子 DAO
- SKYGG ——韩国的区域性子 DAO
- IndiGG ——印度的区域性子 DAO

- TROY——土耳其和埃及的区域子 DAO
- bayz——巴西的区域性子 DAO
- Ola GG——西班牙裔社区的区域子 DAO
- AMG DAO——中欧和东欧国家的区域性子 DAO

6.2.2 YGG 的运营模式

需要注意的是，尽管 YGG DAO 声称注重财务透明度，但 Merit Circle 曾在 2022 年年中炮轰其国库资产不透明——上一期公布的 YGG DAO 国库总资产约为 4.2 亿美元。

或许是迫于压力，YGG DAO 在 2022 年的第二季度报告中公布了一组钱包地址，从中可统计出 YGG DAO 当时公开的资产价值总值将近 7 亿美元，其中 80% 的资产是 YGG 通证，7% 为稳定币及 LP 池，剩余的为 NFT 资产且主要为区块链游戏《The SandBox》的土地及《Axie Infinity》的宠物。

这样的资产组成结构会导致 YGG DAO 的国库资金的金额波动较大，同时也较为挑战 YGG DAO 的合作伙伴关系网络组建能力或投资能力。去年，YGG DAO 终止了和 83 个合作伙伴的合作关系，而这些合作关系的成本约为 1837 万美元。

YGG DAO 目前的商业模式重度依赖于玩赚（Play to Earn）类的区块链游戏，标的游戏需要具有三大要素：

- 虚拟土地经济。
- 治理通证经济。
- 玩家可以通过玩游戏在游戏内获得治理通证。

符合 YGG 筛选标准的，才有机会成为 YGG 的游戏合作伙伴，而 YGGDAO 将主要从以下三个方面从合作的游戏中取得收入：

- 其收入直接或间接来自已拥有的 NFT 资产，通过租赁计划帮助玩家进入游戏世界，因此换取游戏内的奖励（与玩家分成）。

- 游戏中的资产如土地、收入等，可以由第三方（非工会成员）在游戏中的土地上进行经济活动后产生。
- NFT 所有权将受益于游戏内资产经济价值的上升，并体现在公开市场上原生同质化通证的价值中。

此外，还有部分收入可能来自电竞奖励、赞助奖励、订阅费用奖励、商品销售奖励等非稳定的临时性收益。

6.3　Merit Circle

Merit Circle 是一个对 Web3.0 游戏项目投资，并支持加密资产和游戏爱好者早期参与游戏项目的去中心化组织。Merit Circle 最初由 2021 年 7 月提出的 Axie 420 奖学金计划发展而来。Axie 420 奖学金计划最初的愿景是使低收入国家的用户能够玩得起 Axie Infinity。随后其在短时间内融资超过 140 万美金，并为数百位成员提供奖学金机会。最终 Axie 420 奖学金计划创始人 Marco van den Heuvel 正式将该项目重塑为 Merit Circle，同时决定将其定位从 Axie Infinity 扩大到更多的热门游戏以及加密资产投资。

Merit Circle 正在构建一个提供参与 Web3.0 游戏机会、游戏指导教程和其他一切早期参与去中心化游戏需求的平台。随着行业创新和成长，Merit Circle DAO 最新愿景是通过投资、游戏、工作室和 NFT 交易市场四支柱领域共同创建一个可持续发展的生态，并且支持 MC（Merit Circle DAO 通证）价值。

在投资领域，Merit Circle 通过配置 DAO 国库资产获得收益，对运营方面进行支持和资助。投资策略在 DAO 设定的授权约束下进行，并通过贡献者提出和投票的提案来执行。投资领域主要的职能和目的是：为 Merit Circle DAO 寻找到有吸引力的项目；担当国库的投资顾问角色，确保持续的收益。利用闲置资金参与 Yield-Farming（一种类似固定收益产品的去中心化理财产品）；参与和促进 DAO 的可持续发展；为持有 MC 通证的持有者提供质押奖励。

在游戏领域，Merit Circle DAO 与具有创意和可持续发展的去中化游戏合作并为其提供支持，为全球的游戏玩家提供游戏机会。玩家通过 DAO 持有 Web3.0 游戏资产，DAO 帮助玩家参与游戏，降低了游戏参与门槛，并分配游戏内产生的收益。

在工作室领域，Merit Circle Studios 创建属于 Merit Circle DAO 的游戏项目并孵化合作项目。总体来讲，工作室主要目标是：孵化非 Web3.0 的游戏和项目；成为 Web3.0 游戏项目团队的首要合作伙伴；孵化 DAO 内的 Web3.0 项目；为 DAO 内的其他领域带来价值。

在 NFT 交易市场领域，Merit Circle DAO 正在为游戏内资产创建一个 NFT 市场，旨在克服传统 NFT 市场的缺陷，并通过引入自己合作的游戏 NFT 来设定行业标准。

6.3.1　Merit Circle 的治理结构及现状

Merit Circle DAO 的治理架构由多个层次构成，如图 6-1 所示，主要分为主 DAO（Main-DAO）和子 DAO（Sub-DAO）。主 DAO 又称为生态系统 DAO，既对子 DAO 进行资源支持，也拥有对其的投票治理权。子 DAO 是每个游戏构建的组织，Merit Circle 运营的每个游戏都将拥有自己的 DAO，由主 DAO 管理。

主 DAO 主要目标就是使子 DAO 成为结构稳定、组织良好、可盈利的组织。通过成员提案治理，主 DAO 可以对子 DAO 提供资金支持，决定子 DAO 的持续扩展，提取子 DAO 资产等。

子 DAO 的主要目标是提供策略，确保组织持续运营并且最大化收益，调研具有增长预期的 NFT 资产。子 DAO 的资产设置通常 70% 购买生产性 NFT，20% 购买价值型 NFT，另外 10% 保证资产流动性。

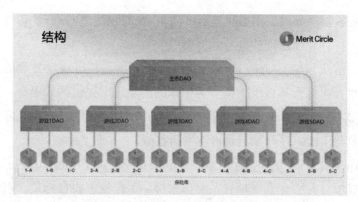

图 6-1　Merit Circle 的治理架构

　　Merit Circle DAO 的投票权依赖于 MC 通证，任何持有 MC 通证的成员都可以发出提案及投票。成员通常在治理论坛、Discord 或者 Telegram 频道中提出提案，如果获得多数赞成，该提案由 DAO 核心贡献者提交至链上，再由 MC 通证持有者投票。值得一提的是当前核心贡献者共有 7 名，他们掌控着 Merit Circle DAO 多签钱包，只有 4 个人以上通过签名才可以执行链上投票。

　　如图 6-2 所示，通过提案数量和参与人数的数据可以看到，在过去一年中，参与者通常在百人左右，总计提案有 25 个。

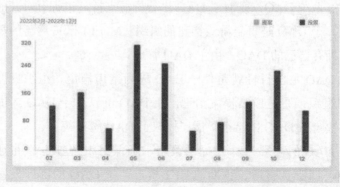

图 6-2　Merit Circle DAO 提案与投票数据

数据来源：DeepDao

6.3.2　Merit Circle 国库资产及收入情况

Merit Circle DAO 国库保管 DAO 内资产，国库资产变化如图 6-3 所示，国库资产主要分为四大类：现金、质押资产、NFT 和通证。尽管经历 2022 年数字货币资产市场的整体低迷，Merit Circle DAO 国库资产规模较为稳定，保持在 1 亿美元左右。简单总结，主要原因是 Merit Circle DAO 国库有 50% 的份额持有现金，这些资产主要包括 USDC、WBTC、XAUt、ETH 等。

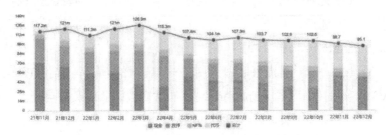

图 6-3　Merit Circle 国库资产变化图

如图 6-4 所示，Merit Circle DAO 在 2022 年收入大概为 2400 万美元，但每月收入呈现不规律、不稳定的情况。在 2 月份收入最高达到 4800 万美元，在 11 月份收入最低没有计提收入，主要原因可能是 2022 年下半年去中心化游戏市场规模大幅萎缩，影响到游戏 DAO 收入。

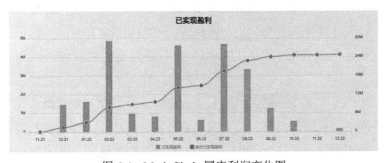

图 6-4　Merit Circle 国库利润变化图

6.4 TreasureDAO

Treasure 是建立在 Arbitrum 上的去中心化 NFT 生态系统，其愿景是成为元宇宙赛道的领航者。当前，Treasure 由游戏 NFT 交易市场、MagicSwap 去中心化交易协议、多个去中心化游戏项目和 TreasureDAO 治理体系几部分构成。其中，NFT 交易市场是 Treasure 的重要构成部分，其除了出售自己的 NFT，还出售去中心化游戏合作方的 NFT，可以直接在交易市场的界面使用这些 NFT 体验游戏。Treasure 也拥有原生 Magic 通证，其作为市场的结算货币，也是在 Treasure 的元宇宙叙事中充当桥梁作用。

Treasure 是一个由社区驱动和公平启动的项目，其由 Treasure DAO 和项目团队管理。TreasureDAO 的大多数团队成员来自社区，通过建立一个基础框架，社区可以和团队共同建设 Treasure。

6.4.1 TreasureDAO 的治理方式

TreasureDAO 的治理是通过链下讨论和链上提案的形式。社区成员和 DAO 委员会可以通过提案决策 Treasure 的改进，通常会涉及资金使用、流动性池变动、通证经济学变动和发展建议等。

TreasureDAO 设置了改进提案（TIP）和 MagicSwap 提案（MIP）的规则。社区成员通常按照 TIP 和 MIP 模板在 discord 和论坛中进行讨论，在社区中进行充分提问及解答，收集建议和总结，设置民意调查选项。如果赞同人数超过 66%，一般性讨论结束后将过渡到正式提案。

正式提案需要获得至少两名 TreasureDAO 委员会成员批准，才能在将提案上链进行投票。持有治理通证的社区成员都可以参与链上治理，如果提案获得 75% 以上的赞成票，则提案通过。投票权重与治理通证数量和其他质押资产相关，资产数量越多，权重越大。通过去中心化的治理，Treasure 项目团队和社区成员共同决定游戏项目的去留，组织的发展和更新等重要话题，可以说是游戏平台类项目治理实践的重要范例。

6.4.2　TreasureDAO 的治理现状

如图 6-5 所示，在 2022 年里，TreasureDAO 链上提案总计 34 个，有 2 万余人次参与提案投票。尤其在 2022 年 12 月份，社区提出 3 个 TIP 提案，其有关 Magic 激励方案变化，吸引众多 DAO 成员表决意见。在其他月份中，每月平均有 2 个提案用于改进项目。通过数据发现，TreasureDAO 是一个非常活跃的社区，Treasure 也有望成为 Web3.0 游戏中的先行者。

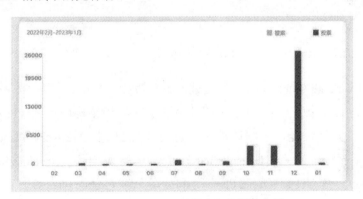

图 6-5　TreasureDAO 提案与投票趋势图

6.5　EverlandDAO

EverlandDAO 是专注元宇宙赛道信息聚合、P2E 和投资孵化一体的综合社区。EverlandDAO 目标是聚集行业内所有与元宇宙相关的价值信息，通过 DAO 积分和 NFT 激励成员参与社区活动。同时，EverlandDAO 以投研驱动投资的理念，对元宇宙资产和游戏项目进行投资孵化。

随着元宇宙概念的发展，EverlandDAO 的自我定位和关注标的也跟随迭代。在 2022 年 7 月初，23 家 Web3.0 机构成功发起 Everland DAO，其成为一个由创始团队机构组成的弱中心化组织。在早期阶段，元宇宙狭义被认定是虚拟空间，此时 EverlandDAO 主要职能是聚集 Web3.0 和元宇宙的信息，促进元宇宙土地资产交易和提供元宇宙建筑搭建服务咨询。随着行业发展，游戏、社交应用和元宇宙的边界逐步融合。从诸多类型的元宇宙特点来看，"个人价值反馈"的共同特征尤其明显，也就是说用户的行为和创造在元宇宙中可以变现。当前 EverlandDAO 的目标转向发掘元宇宙价值，为成员带来收益。EverlandDAO 的主要活动包括元宇宙探索、Gamefi 领航、项目研报撰写、项目合作、孵化和投资。

6.5.1　EverlandDAO 的组织框架

EverlandDAO 的 OG 贡献者建立好早期组织框架，如图 6-6 所示，主要包括 5 个板块和 10 余种职业建设者。组织结构以计划（Planes）为背景元素设计，根据职能不同分元宇宙计划（Metaverse Planes）、NFT 社区计划（NFTverse Planes）、投资洞见计划（Insight&Invest Planes）、核心计划（Inner Planes）和公众计划（Public Planes）。

- 元宇宙计划将成为全网最大的土地持有者社区，旨在为所有元宇宙进行全方赋能。该板块一方面提供全网元宇宙最新信息、土地规划设计建造、土地及衍生品资产流转等职能，另一方面也会发掘有价值的元宇宙项目，带领会员参与 P2E 获得收益。

- NFT 社区计划是 NFT 玩家交流中心，目标是形成前沿的 NFT 玩家聚集地。该板块主要职能是以 NFT 投资方法论、NFT 研究工具、NFT 投研报告为基础给会员提供咨询建议。

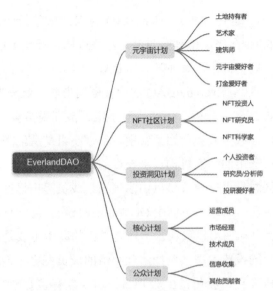

图 6-6 TreasureDAO 提案与投票趋势图

数据来源：EverlandDAO

- 投资洞见计划主要调研元宇宙类项目，并且撰写分析报告，为元宇宙爱好者和会员提供信息支持和资产价值建议。同时也是为 EverlandDAO 投资孵化和打金策略提供支持。
- 核心计划设定为 EverlandDAO 的管理中心，协调各板块的运营、市场、技术支持等工作。
- 公众计划主要作用是方便 EverlandDAO 成员和会员对公开信息和资料进行自助查询，主要包括积分查询、Mob（指一个共同行动的群体或社群）申请、招聘求职等必要需求。

6.5.2 EverlandDAO 的治理现状

EverlandDAO 早期阶段被设定为一个弱中心化的组织，主要由 OG 成员共同决策和治理。随着贡献者增多，EverlandDAO 会成为以社区积分和社区 NFT 为基准的更进一步的去中心化组织，最终实现完全由社区自行运转。从 EverlandDAO 的官方信息得知，其已经聚集 23 家机构和个人组成治理委员会，这些机构包括元宇宙的项目方、内容创作者、投资机构、海外媒体和 DAO 组织。

如图 6-7 可知，EverlandDAO 的治理框架当前主要分为四个级别，从执行效率由高到低排列，包括治理小组、治理委员会、OG Partner 和战略合作伙伴或个人会员四个级别。治理小组是从治理委员会中自愿报名和投票选出的 7 家机构，主要目的是高效率地执行社区日常运营决策，社区成员提出建议可以由治理小组成员提出标准化提案，进行链上投票治理。治理委员会由 OG Partner 成员自愿担任，机构成为 OG Partner 后自动获得投票权。治理委员会的职责主要是对社区重大发展的事件共同投票治理，例如治理小组的成员变更、治理方式及框架等基础结构变更、会员提出对 EverlandDAO 有重要影响的提案等。OG Partner 最初由创始机构组成，后期新的机构或者个人加入需由治理委员会共同投票决策。战略合作伙伴是成为 OG Partner 的前提条件，首先需要与 EverlandDAO 达成合作，经过此种方式可以促进双方互相了解，有利于社区发展。

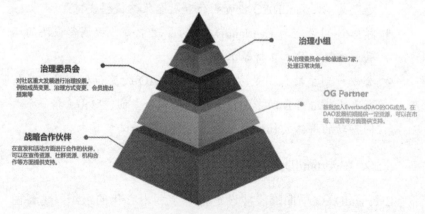

图 6-7　EverlandDAO 的治理框架

数据来源：EverlandDAO

后期，EverlandDAO 的治理方式更去中心化，由贡献者利用 Points 和 NFT 持有者共同治理，决策各项事物，如图 6-8 所示。

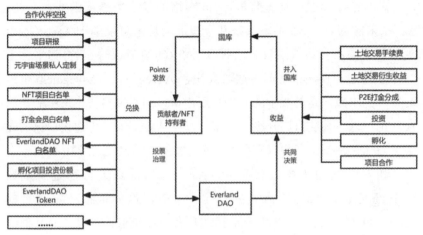

图 6-8　EverlandDAO 的治理模式

数据来源：EverlandDAO

EverlandDAO 会以积分为衡量贡献价值和兑换权益的中介，原则上以工作量证明为理念，公平分发给贡献者。最初由 OG 贡献者对 EverlandDAO 的治理模式和架构进行初步建设，随着贡献者加入，将由所有核心贡献者共同决策。中后期阶段，EverlandDAO 会发售权益 NFT，形成"Points+NFT"双重治理模式。Points 和 NFT 将赋予不同的治理权重，参与社区的提案。

一方面，EverlandDAO 通过 Points 为激励手段，鼓励贡献者为社区做价值输出。另一方面，EverlandDAO 通过多种方式为 Points 赋能确保其价值，例如可以兑换空投、项目研报咨询、白名单、打金会员等。同时也通过中间费用收入和投资孵化收益保证国库资产正价值，形成社区生态闭环。因此，EverlandDAO 可以做到吸引不同职业的贡献者为社区输出价值的持续性和社区的长久发展。

6.6 AavegotchiDAO

Aavegotchi 是一个基于 Polygon 网络的像素类养成游戏。最初，Aavegotchi 得到 Aave 生态系统基金资助，玩家可以基于 Aave（一个头部的去中心化借贷协议）质押各种 ERC-20 Token，获得其平台上的存款凭证 a Tokens 从而生成游戏角色 Aavegotchi。Aavegotchi 也被玩家称为小鬼，是游戏中的宠物。用户可以用小鬼参与生态中的小游戏，也可以对其装扮、升级。玩家可以在 Aavegotchi 中建设自己的元宇宙 Gotchiverse，用户只有持有小鬼才能探索和交互元宇宙。

相对于其他去中心化游戏，Aavegotchi 的最大特征是游戏核心资产是通过 Aave 平台质押产生的 NFT，例如抵押一定数量的"USDT+ETH"组合，产生一个其本身有内在价值的小鬼。而其他去中心化游戏通常是由项目团队决定发行方式和发行数量，虽然也是 NFT 资产，但是并无内在价值支撑。

6.6.1 AavegotchiDAO 的发展历程

AavegotchiDAO 是治理 Aavegotchi 的去中心化组织。从创始团队 Pixelcraft Studios 组织发行 GHST 通证开始，团队就将治理权，包括的游戏机制、智能合约和资金使用等移交到 DAO 管辖下。

在最初设计中，AavegotchiDAO 的治理只能大概分为四个阶段。第一阶段为创世纪，该 DAO 主要参与 GHST 通证的发行，管理联合曲线和对 Pixelcraft Studios 提出一些改进建议。第二阶段为 Cocoon，这个阶段主要职能是通过投票治理简单地影响游戏机制，为下一个阶段做铺垫。第三个阶段为 Metamorphosis，也是 AavegotchiDAO 的迭代期间，在这一阶段 DAO 可以负责管理 Aavegotchi 的简单游戏机制，例如 Aavegotchis 的总供应量、添加新抵押品、决定其功能以及添加社区创建的可穿戴设备等。第四个阶段是最终的形态 Oasis。在此阶段，所有与 Aavegotchi 游戏机制、REALM 机制、生态系统支出甚至智能合约升级相关的决策都将由 AavegotchiDAO 投票表决。

6.6.2 AavegotchiDAO 的治理方式及现状

AavegotchiDAO 也采用"链下讨论＋链上投票"的治理方式。成员通常在治理论坛或者 Discord 中提出和整理建议，之后会按照 Aavegotchi 改进提案（AGIP）范式提交到链上。在 Cocoon 阶段，提案分为信号提案和核心提案两种。信号提案是任何人都可以将提案发布在 Snapshot 的"社区"选项，如果支持达到规定的数量，该提案自动升级为核心提案。当前的规定是要求有 20% 以上的流通的 GHST 支持，信号提案才可以升级为核心提案。核心提案是 Pixelcraft 提出的提案，其选项基于达到或接近达到规定数量支持的信号提案。核心提案也分为三类，分别是 Smol、Medium 和 Galaxy。它们主要的区别在于通过提案的规定投票数量的要求不同，依次是 5%、10% 和 20%。Smol 提案经常是对 Aavegotchi 影响不大的决策，例如对其中一个小游戏的改进建议。Medium 提案是对 Aavegotchi 有显著影响的决策，例如引入新游戏项目的提案。Galaxy 提案是对 Aavegotchi 生态产生重大影响的决策，例如对 Aavegotchi 参数的改进建议。

从 DeepDAO 数据（图 6-9）可知，在 2022 年 AavegotchiDAO 有 350 个左右提案，1 万余人次参与投票。其中核心提案有 53 个，大部分是没有达到规定投票数量的信号提案。尽管如此，AavegotchiDAO 也是游戏项目类中最活跃的 DAO 之一，是元宇宙中的典范案例。

6.6.3 AavegotchiDAO 国库资产

据公开披露显示（图 6-10），AavegotchiDAO 的国库资产主要由 DAI、GHST 以及它的游戏内 NFT 资产组成。它的国库也有持续性收入，主要来源于交易费用。国库会从 DAI 和 GHST 交易中赚取 0.3%

佣金，从传送门、可穿戴设备首次销售中赚取 10% 佣金，以及赚取市场交易的 1% 佣金。从 DeepDAO 的数据看到，在 2021 年下半年 AavegotchiDAO 国库资产价值有一定提高，随后一直走低。2022 年底，国库资产有 2200 万美元左右，其中 56% 是 DAI。

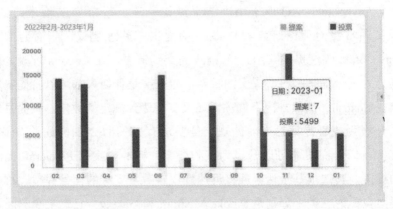

图 6-9　AavegotchiDAO 的提案与投票

数据来源：DeepDAO

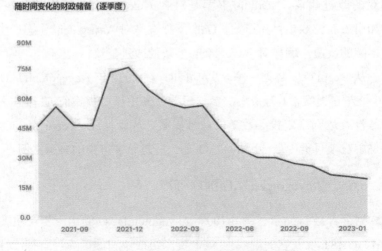

图 6-10　AavegotchiDAO 国库金额变化图

6.7　GameDAO

读者请注意 GameDAO（无空格）是一个游戏 DAO 的名字，而 Game DAO（有空格）指的是游戏 DAO 这一种类别。相较前述游戏 DAO 的知名度，GameDAO 代表的是游戏 DAO 一个小众领域的尝试——虽然很小众，却具有潜力。GameDAO 从协议层着眼，将有机会改变当前游戏 DAO 的一大痛点：治理中心化。其愿景是致力于将 DAO、DeFi 和 NFT 回归给社区，即将当前较为主流的中心化游戏 DAO 运作模式向去中心化治理方向推进。

GameDAO 于 2022 年完成种子轮次，目前治理通证还在建立中。该 DAO 实际上属于协议层，建立在波卡（Polkadot）生态系统中，并在提供开放协议的基础上（支持协调、所有权、筹款等），催生社区孵化、启动游戏，并对游戏进行管理。

视频游戏创作者、发行商、投资者、游戏玩家都是 GameDAO 的主要用户群体，其中游戏玩家与创造者在协议的机制中被设计将获得比投资者、发行商更好的回报。

由于 GameDAO 启动较晚，当前进展较慢，在 2023 年将着眼于孵化游戏以及推出其 DApp。

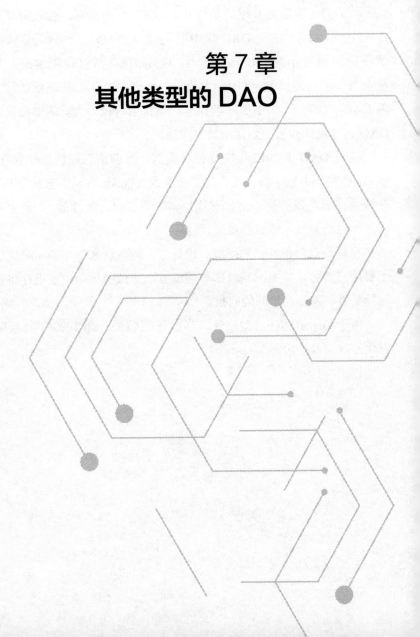

07

第 7 章
其他类型的 DAO

DAO 的类型丰富，并且在发展中不断有新的模式创新出现。前几章对产品和协议、社交和孵化、投资以及游戏 DAO 着重进行了介绍，是因为这几类 DAO 通常全部符合 DAO 的特征：去中心化、使用区块链、提供持续激励。属于第 1 章中提到的完备程度较高的、狭义的 DAO，并且有相对较长的运营周期。除了前文介绍的 DAO 之外，本章将对一些其他形式的 DAO 进行简要概述。

7.1　事件 DAO

前文我们花了很多篇幅讨论过很多具有工会特征的 DAO。这些形形色色的社交 DAO 可以被视作是线上俱乐部：用户在网上看到俱乐部招人的帖子，花钱购入一张门票，再进入按城市或按项目分布的工会分支。同时，俱乐部需要资金运转，而资金可以通过门票收入或外部投资者投资来获得。俱乐部拿到钱之后，通过去中心化投票的方式，将资金按预算标准切割并进行再分配。

但是，下文中将要提到的事件 DAO，是一类特别的、由社会突发事件驱动形成的社交 DAO。在这里，与其将它看作一种俱乐部，不如更真切地将它视作针对特定事件单一而纯粹的众筹工具。

7.1.1　ConstitutionDAO

ConstitutionDAO 被视作是一类特殊的事件 DAO，海外的数字游民们将其称之为 Meme。Meme 可以被译为"模因"，在剑桥词典中，其指代在互联网上迅速传播的概念（图像、视频等）。

打个比方，在 2008 年汶川地震的时候，有很多同胞奔赴灾区，携手抗震救灾。如果当时的人们是通过 QQ 群沟通协作的，那么 QQ 群这个线上组织就是本次抗震救灾行动中，由政府主导的，以中心化形式构成的社群，也就是 Meme 的载体。

Meme 是一种网络世界的现象级概念，在 Web2.0 的时代，人们通过互联网与彼此形成一种跨越时空的共识，并将其落地到现实社会。在 Web3.0 的世界里，区块链技术的革新进一步加强了共识的机制。具体而言，区块链分布式存储技术的出现，使得互不相识的网民们可以通过去中心化网络进行快速交易，从现金流的角度让 Meme 落地的效应扩张。而 ConstitutionDAO 的故事也据此展开。

故事要从一场"美国宪法副本"拍卖说起。

（1）背景：美国《宪法》副本的拍卖。

2021 年 11 月，美国《宪法》官方首印版本之一于纽约苏富比（Sothebys）拍卖行主持拍售。

1787 年 9 月 17 日，在一场宾夕法尼亚洲费城召开的会议中，《宪法》的副本被拓印了 500 份，并被分发给各位参会的代表。截至目前，副本的原件仅存 15 份，唯一一份留存在私人手中的藏品，便是本次拍卖的焦点。而据估计，在拍卖前，藏品的估值近 2000 万美元。

（2）网民众筹买《宪法》。

按常理，凡古董的拍卖，和普通大众是没什么干系的。

但在 Web3.0 的时代，一位网友（YoungMoney）提出了一个通过水滴筹的方法，以公开募资的形式去竞拍《宪法》的副本。

YoungMoney 和他的伙伴为参与苏富比的拍卖，创建了 Constitution DAO，并想通过公开募资的方法获得资金。Web3.0 世界中的水滴筹，是以 JuiceBox 协议的形式落地的。下文，我们会简单介绍一下 JuiceBox 的使用方法。

（3）水滴筹工具 ConstitutionDAO 成立。

2021 年 11 月 12 日，ConstitutionDAO 成立，并同时在 JuiceBox 协议上发行 People 通证。People 通证的汇率如下：

1 枚 ETH 恒等于 100 万枚 People 通证。

这里，我们简单讲一下汇率的概念：

例如，小明持有 5 个 ETH，他可以在 JuiceBox 上购买 500 万枚 People 通证。

若小明不想持有 People 通证，他可以随时用 500 万枚 People 通证置换回 5 个 ETH。

（4）高潮与反转。

2021 年 11 月 16 日，ConstitutionDAO 仅募到 1235 枚 ETH（约 540 万美元，占总目标 27%）。

此时，距 11 月 18 日的拍卖会只剩 2 天，ConstitutionDAO 预设的总募资额简直是可望不可及。

2021 年 11 月 17 日，ConstitutionDAO 的募资额实现指数级增长，从 1235 枚 ETH 暴增至 6000 枚（总价值约 4000 万美元，达总目标 200%）。

遗憾的是，2021 年 11 月 18 日，副本的拍卖最终以 4317.3 万美元的竞价落幕，ConstitutionDAO 竞拍失败。

（5）落幕。

后续到了退款步骤，ConstitutionDAO 最终按原始比例（1 枚 ETH 恒等于 100 万枚 People 通证）回购 People 通证。此外，为了防止通货膨胀（流通的 People 通证贬值），被回购的通证会被直接销毁。

在社交 DAO 当中，ConstitutionDAO 最能代表 Meme 流派的去中心化形式。诚如前文，大多数社交 DAO 以工会的形式存在，项目资金流的调动需要依托于具体的组织形式，通证象征治理权力及相关经济权力。例如，在 FWB DAO 中，成员需要通过 FWB 通证票选决定活动的组织和构建。

但是，ConstitutionDAO 鲜明地区别于 FWBDAO，其在官网强调：

People 通证仅用于 ETH 募资。

用户通过 People 通证，仅能赎回 ETH。

People 通证不具备投票权、治理权及其他任何使用权。

尽管其他组织或去中心化协议可以利用 People 通证，但 ConstitutionDAO 不对通证在二级市场的流动和使用做任何担保。综上，ConstitutionDAO 更像是一种纯粹的募资工具，不具备任何组织形式和架构。

7.1.2 阿桑奇 DAO

阿桑奇 DAO 是以解救阿桑奇为目标的 DAO，英文名为 Assange DAO。前有 ConstitutionDAO 筹钱买《宪法》让法律归回人民，后就有 AssangeDAO 筹钱来解放因被指控泄露了美国政府丑闻而被关押的阿桑奇。几个 DAO 组织都是通过筹钱来实现某种现实生活中的行为目标，并且这种方法以去中心化的形式模糊了参与者的现实身份。类似这样的项目往往更能在 Web3.0 世界中引起更为强烈的共鸣，通常可以在短时间内就获得大量的流量曝光和资金支持。

尽管 ConstitutionDAO 最终并未实现其目标，其发行的通证仍经历了一波令持有者兴奋、令众人眼红的大增值，所以除了对情怀的关注，不可否认的是，也有不少人因此而对相似的项目抱有更多"高回报"的期待。

在情怀与利益的双重作用下，与前两个 DAO 相比，Assange DAO 以更快的速度筹到了更大规模的资金。如图 7-1 所示，从 2022 年 2 月 4 日 AssangeDAO 在通证发行工具 JuiceBox 上发起募捐开始，截至 2 月 8 日 18 点，AssangeDAO 在短短 4 天内便筹到了 15 069 枚 ETH，已远远超过了 ConstitutionDAO 当时筹集到的 11 613 枚 ETH。

图 7-1　AssangeDAO 在 JuiceBox 上筹集到的资金情况

信息来源: JuiceBox 官网截图 2022-2-8

不过, AssangeDAO 的情况与前两个 DAO 相比更加复杂。

首先, 从 Twitter 上对 AssangeDAO 话题的讨论帖中可以发现, 不同于 ConstitutionDAO 的募捐者对"让宪法回归人民"这一目标有着强烈的共识, AssangeDAO 的绝大多数募捐者并不知道 Assange 是谁, 有着怎样的故事, 他们更多在乎的是能否从中获得像 Constitution DAO 一样的高回报。这就使得 AssangeDAO 在发行其通证后, 很可能会出现大批捐赠者获利跑路, 或将组织运行的目标放在"如何提高通证的价值"而非"解救 Assange"上的情况。

其次, 从 AssangeDAO 的目标可行性上看, 解救 Assange 并不是一件像买下《宪法》副本或在现实世界中买下一块地皮一样, 有"钞能力"就可以完成的事情。从执行周期、执行难度来看, AssangeDAO 是否能完成目标无法确定。那么, 在共识上, 以及在后期的行动决议上, AssangeDAO 也必然会面临诸多信任问题, 如

AssangeDAO 在第一次募捐活动完美结束之后的运营动作引发了社区信任危机，该组织后续又发起第二次募捐活动，从而违背了其此前"仅发起一次募捐"的承诺。有不少 DAO 成员在社交媒体上发出了对 AssangeDAO 的声讨，甚至有人猜测，AssangeDAO 不排除有卷款跑路的可能性。而后来，AssangeDAO 成为了 LegalDAO 的一大维权案例。

7.2　媒体 DAO

平台是贯穿于互联网时代的重要产品，而 DAO 则是在 Web3.0 时代借由智能合约实现非中心监管以确定规则的新的组织形式。媒体是 Web3.0 时代中必不可少的生态配套，媒体 DAO 是以 DAO 的形式生成媒体内容和娱乐内容的 DAO，它利用区块链技术和智能合约来创建和管理媒体平台，旨在提供一种更加民主、透明和参与性强的方式来制作和分发媒体内容，包括新闻、播客、视频或艺术等。

传统的媒体运行模式具有自身的特点，如图 7-2 所示，传统媒体中以董事会为代表的资本控制方和媒体观众，即媒体内容消费者不属于同一批人，而内容创作人员被雇佣而进行内容创作。媒体 DAO 则将这种控制的权利返还给媒体内容消费者，打破了内容创作人员，如作家、主播与读者的互动方式。这一类型的 DAO 旨在重塑内容创作者、消费者与媒体互动的方式，不依赖广告收入模型，而是加强使用通证激励创作者和消费者。媒体 DAO 生产由个人创作或者是集体合创的公共内容，它允许其用户和贡献者通过使用通证来奖励、激励和资助媒体内容的创作和策划，并对媒体平台的规则、政策和决定进行投票，从而在平台中拥有直接的利益和发言权。利益相关者可以决

图 7-2　传统的媒体运行模式

定要报道的主题，并进行资源管理。

整体而言，Web3.0 时代的媒体 DAO 还在发展过程中，媒体内容生产者不足，DAO 用户规模不足，与此同时用户付费意识不强，因此链上媒体的发展相对受限。以下案例将进一步说明媒体 DAO 的内涵与发展。

7.2.1　BanklessDAO

BanklessDAO 作为去银行化（Bankless）运动的发起和推动者，希望借助区块链技术带来的去中心化、免许可、抗审查能力，改进传统中心化金融面临的风险问题，推动金融体系和世界走向更加自由、安全的未来。在这个未来中，任何有能力连接互联网的人都能获得必需的金融工具，保障个人财务的独立和安全。BanklessDAO 通过教育、媒体和文化，得以构建一个广泛而多元的社区。无论是区块链资深专家还是对现有金融体制不满的普通人，大家都可以基于同一个理想共识，在 DAO 内组成工会，一起构思能推动实现理念的公共产品或项目，例如 DeFi（去中心化金融）和比特币科普媒体，并将其转化为行动，如图 7-3 所示。

图 7-3　BanklessDAO 官网界面

图片来源：BanklessDAO 官网

教育、诚信、分权治理和文化是 BanklessDAO 的价值观。整个DAO 不仅希望推动去银行化运动，还希望教育 DAO 内成员乃至全球的人们，有能力使用去中心化金融；DAO 内透明化程度很高，通过透明开放的组织模式和财务审计保持诚信；DAO 将决策权充分给到社区成员，搭建良好的自组织空间，让最好的想法能在 DAO 内发生，奖励这些想法快速变为实践。

BanklessDAO 的起源和加密行业的媒体 Bankless 有着千丝万缕的联系。Bankless 创立于 2019 年，从追踪行业动态的简报到逐步增加播客内容，如今已成为业内最有影响力的媒体之一。短短几年时间，Bankless 不仅在业内收获了大批忠实用户，很多行业外的人也通过它逐步了解到加密行业，这些用户对去银行化的理念共识极高。2021 年 5月 4 日，在 Bankless 联合创始人 David Hoffman 和 Ryan Sean Adams 的倡议下正式发起 BanklessDAO，对每位订阅的高级用户空投了 35 000 BANK 作为治理通证。Bankless 公司继续独立运营，但 Bankless 的整个品牌交由 DAO 来维护和传播。

由于 Bankless 用户本身对去银行化的理念非常认同，加上该理念与区块链行业足够契合且宽泛，BanklessDAO 在一年时间内迅速扩张，成立了越来越多的公会（Guild）。截至 2022 年底，BanklessDAO 已经有 13 大公会和一个财务部门，涵盖运营、协作、法律、研究、设计、数据分析等方面。

1. BanklessDAO 的治理

BanklessDAO 基于治理通证 BANK 进行 DAO 的治理和项目（Project）激励。BanklessDAO 希望使去银行化的理念触及 10 亿人，因此 BANK 总量在一开始就被固定为 10 亿枚。在创立之初，BANK 原本预计以 3:3:4 的比例分配给 Bankless 社区用户，创世国库（Genesis Treasury）和锁仓国库（Vested Treasury），其中最后的 40% 将在 3 年内线性释放。

虽然 Bankless 给予了 DAO 充分的支持，但为了保证公平发起，Bankless 公司本身并未给自己预留任何 BANK 通证。2021 年 5 月 7 日，即 BanklessDAO 发起的三天后，Bankless 公司主体在 DAO 内发起提案，希望 DAO 内成员能将 25% 的 BANK 给到 Bankless 公司。这些 BANK 不会立刻给出，会先锁仓 6 个月，并在提案后的三年内线性释放。Bankless 公司在提案中详细列举了团队人员和公司影响力，还为 DAO 的冷启动设置了细致工作安排和阶段性目标。最终，这个提案以 99.22% 的支持率获得通过。

BanklessDAO 的 Discord 社区氛围可能是所有 DAO 里最好的，这源于它足够开放的准入机制。任何人都可以进入 BanklessDAO 的 Discord 服务器，且有权访问部分的工作频道和历史讨论信息。但如果你想获得更高的访问权限或是想加入某个公会，或是和项目工作组一起交流协作，那么你就得正式加入 BanklessDAO，目前加入途径有两种：

购买治理通证。根据通证持有量和贡献度，BanklessDAO 的成员角色分为四个等级。在初始设定中，任何有至少 35 000 枚 BANK 的通证持有者都可以在核验资产后成为成员（Member）的角色，这是第一级。如果你在此基础上获得贡献者的邀请，那么你还可以成为贡献者（Contributor）的角色，这是第二级，也是支撑 DAO 内协作的一级。而对于 BANK 总持有量超过 150 000 枚的大户，在 DAO 里还会获得鲸鱼（Whale）的角色等级，即第三级。第四级的角色则会授予给 BANK 的流动性提供者。不同角色能访问 Discord 频道的权限不同，这种分层结构的目标是鼓励社区成员更深度地参与项目，将社区组织成各个小型小组（Squad），独立负责各自核心的交付成果。

申请访客通行证（Guest Pass）。如果你没有足够的治理通证，你也可以在社区内做自我介绍，一旦获得贡献者们的认可，那么你就可以获得一个为期两周的访客通行证，和 DAO 内正式成员拥有同等权限。在这两周内，你可以设法加入感兴趣的公会和项目，并通过不断贡献来赚取 BANK，逐渐成为正式成员；否则，你只能让贡献者每两周帮你恢复一次通行证权限。

在正式加入 BanklessDAO 后，大部分公会和项目讨论频道都会向你开放。秉持着分权治理和诚信的价值观，除了每周的社区大会外，各公会独立组织内部人员协调、工作部署、资金监督和项目提案，且对几乎所有公会和项目的会议都会进行记录存档，对 DAO 内成员公开。

在这样开放的治理框架下，新人可以自由研究感兴趣的公会和项目资料，自由加入任何会议，在个性化探索中慢慢熟悉、融入整个DAO。整个 DAO 也因此欣欣向荣，各公会和项目的讨论会议层出不穷，每天大大小小不下 10 场。

2. BanklessDAO 的业务

BanklessDAO 为了推动去银行化运动，支持符合理念的项目在DAO 内产生。这些项目或是为 DAO 产生收入，或是构建品牌影响力，一般根据需要资助与否分为两类。

对于无须 DAO 国库资助的项目，通常会由 DAO 的成员在社区讨论后形成小范围共识。只要不会对 DAO 产生损害，这些项目就可以在无须投票和审批的情况下，由成员自由组成小队将项目推进下去。比如一起出版一本名为 How to DAO 的书，向大家科普如何参与DAO 和 DAO 所面临的治理问题，例如为 DAO 设计基于 NFT 的新型会员体系；为 DAO 设计一个 API 端点来便携访问所有内容。只要你有想法和志同道合的伙伴，BanklessDAO 都鼓励你将想法细化，付诸实践。

对于需要 DAO 国库资助的项目，BanklessDAO 设计了一套完备的审查机制以保障国库资金不被滥用。整个审查机制包括三个阶段，分别是头脑风暴（Brainstorming）、非正式共识检查（Informal

Consensus Check）和正式共识检查（Formal Consensus Check），如图 7-4 所示。

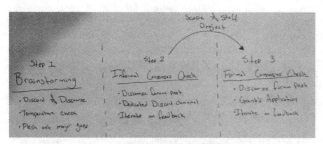

图 7-4 BanklessDAO 审查机制三阶段出版草稿

图片来源：BanklessDAO Discourse 论坛

在头脑风暴阶段，社区成员可以在 Discord 和 Discourse 论坛上以提案的方式和大家一起交流想法，获取社区反馈。

在调查完社区想法、逐步完善项目构思后，就到了非正式共识检查阶段。非正式共识检查是头脑风暴和正式共识检查间的过渡阶段，帮助项目发起者理清责任、清晰提案。在这一阶段，发起者需要详细填写提案表单，涵盖项目概括、背景、使命和价值观的一致性、所需资源、品牌使用、小组成员、成功指标和 KPI 设定等多个维度。

如果提案取得社区支持并组建好项目小组，项目发起人就可以进入最后的正式共识检查阶段。在这一阶段，DAO 设置了专门的论坛和提案模板供发起人提案。这一阶段的模板相比前一阶段的也会更加正式和细化。如果项目最终通过了这一阶段的社区投票，就可以正式将提案提交给国库寻求资助。许多大型项目，比如做 Web3.0 教育的Bankless Academy，帮助普通非洲人进入行业的 Bankless Africa 都是获得了长期资助的大型项目。

7.2.2 FOREFRONT

两年时间，迎来了诸多媒体 DAO 的新生与沉寂，FOREFRONT

在其中保持着活跃，并不断发展变化。FOREFRONT 于 2020 年推出，现在已经成长为一个通证化社区生态系统的管理人，主要输出基于 Web3.0、社交通证和 DAO 的新闻及观点，贡献前沿的策展、研究和最重要的每周简报。FOREFRONT 的主要内容如图 7-5 所示。

图 7-5　FOREFRONT 主要内容

这一组织尤其重视社交通证的作用，输出关于通证化社区的前沿分析技术内容，致力将社区打造为讨论和研究通证化社区、Web3.0 社交以及 Web3.0 和媒体交叉的首要空间，通过媒体平台发布内容，推动社交通证的发展。这一组织认为，虽然我们目前生活在一个自我出版的时代，但通证的发展将迎来一个自我发行的时代。

（1）FOREFRONT 的发展历程。

FOREFRONT 的发展经历了第一季到第二季的发展历程。第一季内容包括作家计划、内容企划、FF 学习。第二季的内容主要包括共识的无穷流动模型（Vibez Infinity Flow model），其基本内容如图 7-6 所示。

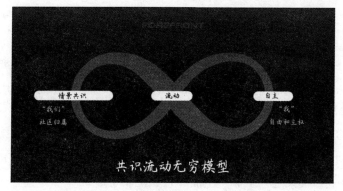

图 7-6　FOREFRONT season2 模型

（2）FOREFRONT 的组织结构。

FOREFRONT 的组织结构如图 7-7 所示。

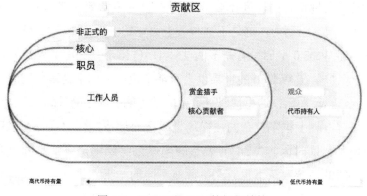

图 7-7　FOREFRONT 的组织结构

FOREFRONT 的成员角色有以下几种：

- **通证持有者**（Token Holder）：成员在 DAO 中拥有财务权益，可以参与治理。其通常不会对正在进行的运营工作、项目或赏金任务做出贡献。
- **赏金猎手**（Bounty Hunter）：会员可以不参与 DAO 的日常运营或策划，而是积极寻找并完成有趣的赏金任务。
- **核心贡献者**（Core Contributors）：成员积极参加 DAO 会议，

始终如一地致力于更大的 DAO 优先事项，并可能与其他 DAO 成员一起领导项目。

- STAFF 成员：成员负责 DAO 的生存和愿景、资金管理和其他高级优先事项，例如季节性社区指导。

（3）FOREFRONT 愿景。

FOREFRONT 的愿景是继续创造高质量的内容和洞见，围绕社交通证、DAO 和 Web3.0，建立音频内容和播客，作为 FOREFRONT 内容的有效传播渠道，从而产生品牌意识汇聚资产。

7.3 法律 DAO

很多人肯定想问，为什么 Web3.0 的世界里需要法律 DAO？法律本身来自国家强制力，这是不是和去中心化的主旨相违背？恰恰相反，就是因为 Web3.0 世界里有众多的法律 DAO 出现，让更多人的利益得到有效保护。在 Web3.0 的世界里大家常常说的一句话就是代码即法律（Code is Law），而在这里代码更多指的是智能合约上的代码。

面对世界上很多复杂的法律场景，粗暴地按照代码执行有些过于一刀切了，同时因为 Web3.0 天然的全球化的属性，哪怕是同一套代码在不同的地域政策下也会产生截然不同的结果。代码如果没有和当地政策有效结合，做到因地制宜，对人们的帮助并不大。

为了更好地解决 Web3.0 法律方向的问题，法律 DAO 出现了。

7.3.1 LegalDAO

LegalDAO 是一个聚集全球 Web3.0 法律方向的去中心化社区。在维持 Web3.0 世界的去中心化和正义的基础上，LegalDAO 希望构建 Web3.0 世界里的"仲裁庭""证监会""律所"等，进一步地建立行业标准，制定规则和法律框架。LegalDAO 官方网站如图 7-8 所示。

图 7-8　LegalDAO 官方网站

LegalDAO 的发展非常迅速，从 2022 年 4 月开始发起，根据 2023 年 1 月的 LegalDAO 官方网站显示，已经有遍及全球 7 个国家和地区的超过 2000 名 DAO 成员，其中超过 55% 有相关法律知识背景。

LegalDAO 提出一个非常有意思的概念——De-Lawyer。De-lawyer 是 LegalDAO De-x 网络的第一版形态。比如，一个现实世界里的律师，通过一个法律从业者的链上去中心化身份系统，获得链上"执照"，从而成为拥有区块链上可信身份的法律人。和传统的律师执照不同的是，当律师身份上链之后，即在全球范围内永久可查，尤其对于涉及跨国业务的律师，这会提供不少的帮助。

自从 LegalDAO 成立以来，影响力最大的案例莫过于阿桑奇 DAO 的维权。阿桑奇 DAO 是一个以维基解密创始人 Julian Assange（朱利安·阿桑奇）命名的，由阿桑奇本人的弟弟和亲戚负责运营的 DAO 组织，截至 2022 年 2 月，在 JuiceBox 上募集超过 14 579 枚以太坊，折合当时市价超过 4500 万美元，一跃成为历史上募资额最高的 JuiceBox 以太坊募捐活动。阿桑奇 DAO 称将募集资金用于支付阿桑奇法律费用，并开展相关的公共活动，以提高公众对现有司法体系的系统性故障认识。阿桑奇 DAO 一经推出，大受公众认可，甚至以太坊创始人 Vitalik

Buterin 本人也捐了 10 以太坊以表支持。然而在后期执行落地上，阿桑奇 DAO 备受争议。在募集结束后，在没有公示的情况下项目方挪走了募捐到的以太坊，在后续活动中并没有发现这笔以太坊和拯救阿桑奇产生直接关系的证据。有很大一部分捐款人表示在整个项目过程中，自己并没有看到自己的捐款和拯救阿桑奇有直接的关系。

由于阿桑奇 DAO 事件受害者众多，事件周期长，受害者维权面临很多挑战。LegalDAO 接受超过 200 多位受害人的委托，联合中、美、英、德等多国律师展开跨国维权，协助受害人保留证据，持续跟进案件进展。在 FTX 暴雷事件中，LegalDAO 也联合其他相关法律DAO 组织帮助受害人持续追讨损失。但是由于 Web3.0 的隐密性，让法律维权的过程变得异常艰难。虽然做出了很多努力，但从结果来看难以有突破性的进展。

各个国家对待虚拟货币、Web3.0、元宇宙等新兴概念的态度差异很大，相关的法律政策并不完善甚至存在很大空缺。对于绝大多数的Web3.0 创业者来说，知法普法是一个难题。LegalDAO 常常会帮助创业者们判断相关法律边界，同时给创业者们提供常用的协议模板等实用的法律工具。

7.3.2 FixDAO

法律 DAO 的另一种有趣发展体现在 DAO 与司法的有机结合中。DAO 作为一种新的组织形态尚未得到法律上有效的承认，但其实在部分司法程序中，有着类似 DAO 精神的组织已经广泛存在。

在 2022 年加密货币交易所 FTX 暴雷事件中，世界各地的 FTX受害者自发地组织起维权 DAO，比如 FixDAO。FixDAO 是一个新成立的去中心化自治组织，是针对近期 FTX 的崩溃及随之而来的恐慌在亚洲社区中的蔓延而成立的。由于语言障碍和司法管辖范围的限制，亚洲社区缺乏法律支持，因此 FixDAO 旨在通过聚集新加坡、韩国、日本、中国大陆及中国香港和中国台湾、美国的顶尖律师事务所，代表社区利益发声。通过形成强大而统一的声音，FixDAO 旨在参与 FTX 法律程序和其他加密货币相关的法律、政府的监管程序或活动，社区认为自己的声音应该被听到。FixDAO 还欢迎来自世界其他地区的弱势受害者加入，使他们的发声成为 Web3.0 社区中有史以来最强有力的声音。

FixDAO 致力于在 FTX 破产案件中组建临时债权人委员会（Ad Hoc Committee），进而代表在传统司法程序中失语的中小债权人监督破产案件的执行。临时债权人委员会是在破产程序期间成立的，旨在代表债权人的利益，与破产法庭和管理人进行交流和协商，并在破产计划的编制过程中提供意见和建议。委员会通常由一组大型或有影响力的债权人组成，他们代表了所有债权人的共同利益，而不仅仅是他们自己的利益。通过这个委员会，债权人能够更好地参与破产程序，了解破产程序的进展，保护他们的利益并促进破产计划的制订。临时债权人委员会在破产程序中广泛存在，并作为一个临时性组织得到破产法院的承认。它与 DAO 有着诸多相似之处：临时债权人委员会与 DAO 都采取类似的治理结构和程序，例如通过表决或共识来做出决策，并通过委员会或理事会等方式进行管理和组织；其次，在成员的接纳与退出方面，两者都保持开放、来去自由的态度。虽然说目前在实际运作中，无论是 DAO 还是临时债权人委员会往往都存在一定量的中心化运作，但在理论上，这两种组织形态都可以脱离中心化团队的管理，自发形成去中心化的运行模式。

当以法律为主题的 DAO 组织出现得越来越多，DAO 作为一种组织形式开始被法律界甚至主流社会认可。随着更多法律专业人士的参与，DAO 组织本身的存在也越来越成熟和规范化。从推崇技术至上的极客社区到由 LegalDAO 为代表的相关法律 DAO 的出现，从某种意义上来说，DAO 正在积极地解决人们身边发生的实际问题。而

DAO 本身也在向人们熟悉的公司主体靠近，可能在不远的将来，当需要建立一家公司或者组织时，DAO 会变成大家的首选。

同时，种种 Web3.0 圈内的侵权事件引发了很多人们对 Web3.0 世界法治概念的更深入思考。Web3.0 从来不是法外之地，但 Web3.0 的去中心化和身份加密等特征让大众一旦受害更难追责责任人，普通人也更难保障自己的合法权益。当法律在去中心化的世界里承担起更多的角色，让整体的经济活动受其更全面的保护和更完整的监督，人们才更愿意放心大胆地在去中心化的世界里做更多的尝试。

随着越来越多的法律 DAO 的出现，法律 DAO 在一定程度上弥补了 Web3.0 世界里法律力量的空白。法律 DAO 本身的存在也意味着 Web3.0 世界里的法规也会越来越完善，或许在未来可能发展成更新形式的公约。在去中心化的 Web3.0 全球世界里，用新的法律形式保护更多的普通人，让更多人对 Web3.0 的法律系统有更多的信心，也让更多的人更积极地参与其中。

7.4　投研社区

Web3.0 成为近些年投资的热点，相关投研社区也是 DAO 生态内的一个重要组成部分，这里也被纳入到广义 DAO 的范畴一并加以讨论。

捕鲸船社区就是典型的投研社区。捕鲸船社区遵循原生纯粹的加密（Crypto）理念，致力于打造兼备科普与宣传、投资与研究的去中心化自治组织，在多元丰富的社区生态环境下形成开放治理、媒体分发、产品开发的商业闭环。目前捕鲸船社区已推出市面上最系统的 Move 语言课程和 Solidity 教学，并在社区共建的基础上推出上百篇干货内容与系列视频。

2021 年底，随着 DeFi 与资产通证化的思潮从单一的加密领域扩展到普通人的日常生活，我们看到了更加丰富的资产类别，更低门槛、标准化的 NFT 研发流程，并且被冠以元宇宙的加密技术应用形态正在成为众多互联网大厂口中的下一个风口，这场繁荣甚至蔓延到了传统领域，如绿地、李宁等公司。也是在这一繁荣的牛市下，捕鲸船社区于 2022 年诞生了。

捕鲸船社区最一开始的定位是 NFT Alpha 社区，投研组的职能是带着社区成员们去研究 NFT、寻找潜力蓝筹、提供 NFT 策略等，基于这一思路，捕鲸船社区开发了 Safemint 产品（图 7-9）。后面随着越来越多的成员的加入，捕鲸船社区的理念也发生了转变，开始转向科普，以帮助更多的人安全、平稳地理解区块链，并进入这个陌生而又迷人的去中心化的世界。

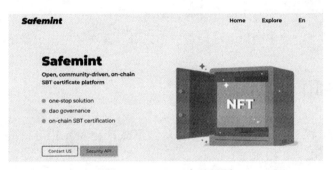

图 7-9　Safemint 产品界面

从捕鲸船社区组织的第一场分享会（2022 年 5 月 29 日）到本书截稿之时（截至 2023 年 1 月 16 日），在这 8 个月的时间里，捕鲸船社区已经组织了 100 场分享会，上传出了 117 期系列视频以及近白篇投研文章，内容涉及各个赛道的项目宣传与投资研究、行情趋势分析与交易策略、智能合约教育与工具使用。在长期的摸索与沉淀过程中，捕鲸船社区的分享会逐渐分为了项目投研、技术分享与行情分析三个大类，以及 Twitter Space、圆桌会议、合作 AMA 等多个小类，其目的是让更多的人有参与捕鲸船社区的机会，并在提高媒介能力的同时完善捕鲸船社区的宣传短板。

捕鲸船社区项目投研会定位于不同赛道，如基础设施、DeFi、NFT、GameFi、社交 Fi 等，举行时间在每周一的晚上 8:30，每次分享一般涉及两个项目，或来自于项目方主动介绍，或来自于社区成员调查研究后的主动输出。相比 Twitter Space 的单纯聊天，捕鲸船社区分享会的宗旨是以嘉宾分享为主，观众提问为辅。捕鲸船社区组织的技术分享会每周三晚上 8 点进行，内容包括智能合约科普、技术语言教学、MEV 闪电贷以及底层基础设施。相比周一的项目投研，技术方向的内容需要更长的时间做教学和演练，所以周三的技术分享会往往是以专题的形式，给嘉宾充足的时间透彻地讲明内容。最后是捕鲸船社区的行情分析会议，分享的内容包括宏观经济解读、链上数据分析、行情趋势研究、交易策略分享等，相比前两种会议，行情分析会议更像项目访谈，更多会以互动问答的形式引导嘉宾输出知识分享。

7.5 创作者 DAO

创作者（Creator）DAO 是以众创形式产出特定内容，并且获得收益的去中心化组织。

7.5.1 a15a

a15a 致力于以 DAO 的形式来产出新科技领域的内容，降低普通人了解科技的门槛。a15a 已推出"一本书读懂 XYZ"系列科普书，覆盖 Web3.0、区块链、NFT、元宇宙、DAO、AIGC 等新科技话题，并接连登上京东畅销书榜单。a15a 的主要成员是区块链和人工智能领域的专家、从业者、研究人员和学生，以及法律合规领域的专业人士。

如图 7-10 所示，a15a 的出版流程大概分为如下 6 个阶段：

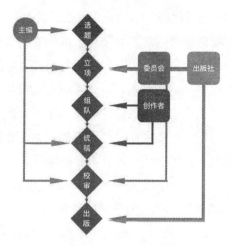

图 7-10　al5a 的出版流程

- **选题**：每个成员均可提出话题，但需要在组内提出之前先自行完成市场调研，比如跟出版社沟通并调研市面同类书籍数量、内容、销量、宣发情况（优先选择还没有相应出版物的话题）等；通常提出话题的成员即为主编，需要作为此项目后期的主要领导者进行统筹工作。

- **立项**：主编收集资料、挖掘观点、梳理大纲，委员会根据选题立项并和出版社协作规划出版时间线。

- **组队**：主编把大纲和时间线发布在组织内外，招募作者，确认每个人的分工和交稿日期，并由委员会配置运营人员由其每周跟进写作进度、组织周会。

- **统稿**：项目组进行统稿，由主编反馈修改意见，作者根据反馈各自修改。

- **校审**：改完的统稿由主编交付委员会，由委员会交付出版社，并跟进出版程序。

- **出版**：出版后委员会组织宣发，除了书籍常规宣发途经外，也跟高校社团、Web3.0 社区和行业会议合作进行宣发。

委员会负责与出版社的沟通、项目进行中的管理和组织后期宣发运营，主编需要做好选题和框架结构上的统筹，而创作者只需要负责自己认领部分的内容创作即可。以上三种角色可以互相交叉，比如在同一个项目小组中，创作者也可以是委员会成员；在不同项目小组中，同一个成员可能承担不同的角色，比如某本书的主编在另一本书的项目小组中可能作为创作者。这样设置的目的是让创作者从繁杂的运营工作中解脱出来，更专注于内容本身的撰写上。

与传统科普书的写作模式相比，a15a 的模式有诸多优势。首先，a15a 创作周期更短。往往高质量的科普书创作需要花费数月，但DAO 模式下的多人协作可以让从选题到出版的周期大大缩短。其次，对于大多数科普作家来说，同一时间段只能进行一个话题的撰写，但DAO 模式下，不同小组可以对多个话题并发推进，快速产出契合最新科技发展动态的科普读物。第三，长于技术者未必擅长文字，而擅长文字撰写的人又未必懂运营推广，a15a 通过 DAO 把各个职能切割，同时吸纳不同领域的研究人员和从业者，让不同工种可以互相弥补。

与其他 DAO 相比，a15a 的最大优势在于有一项收益确定并且完全合法的传统收入途径——稿费。大多数 DAO 的收入依靠通证激励或者捐助，在国内的合规性和收入的稳定性并不能得到保证，而稿费作为个人所得税中劳务收入的一项，计算和发放方式已有公开透明的标准，并由出版社在发放时先行进行代扣预缴个人所得税，因此完全合法合规。

7.5.2 magipop

另一个创作者 DAO 的案例是 magipop，其旨在通过区块链技术和通证 omics，成为 Web3.0 时代的创意集市。

magipop 聚集了 200 余个创作者，其中有全球知名科幻作家陈楸帆，NFT 蓝筹社区 BAYC AZUKI 和 RENGA 创作者、北美、欧洲、东南亚地区的资深 NET 艺术家、插画师、策展人；1 万多名 DAO 成员；50 余个 Partners，包括 Bybit、STEPN、Nswap、RSS3、EthSign 等；官方媒体粉丝破三万，第一次公开共创"Earth2026"参与人数过万，社区用户 TwitterSpace 互动活动获 1800+ 同时段收听。

此外，magipop 也已经发行了正规出版物。100 多人共创了第一个 IP 系列——Bubble Observers，并且出版为科幻小说合集《元宇宙然后呢》，获得了世界科幻雨果奖得主郝景芳、全球华语科幻星云奖得主陈楸帆等人推荐，荣获中国大众图书出版商 Top5；时代华语出书日销量数千册，荣登当当网新书科普读物热卖月榜 Top1。

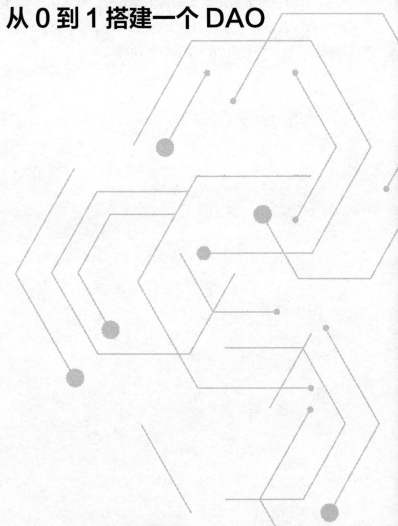

08

第 8 章
DAO 的运营和治理：如何从 0 到 1 搭建一个 DAO

通过之前的内容，相信读者朋友已经可以对 DAO 的基本形态以及相关的基础问题有了一定了解。但是在实际运行中，我们会发现，很多问题和想象中的规划完全不同。下面就让我们来聊一个更加实际的问题：如果你是一个 DAO 项目的发起人，如何从 0 开始建立起一个全新的 DAO。目前国内知名的 SeeDAO、BuidlerDAO 等 DAO 都遇到过这个问题，一开始，它们也曾因为各种各样的问题，比如去中心化和治理权问题等而困扰过，在逐步的治理协调过程中慢慢成为了现在的形态。本章将从成员招募开始，详细介绍如何从 0 到 1 搭建一个 DAO。

8.1 DAO 的成员招募与部门划分

首先我们会遇到运营治理 DAO 的第一个问题——成员招募。成员招募通常需要先确定 DAO 项目方的愿景和目标，并将其清晰地表述出来。接着，DAO 的发起团队就可以通过社交媒体、招聘平台、人脉推荐等方式发布招募信息，吸引到具备相关技能和兴趣的人加入。在招募过程中，一定要明确每个成员的角色和职责，让每个人都可以清楚地知道自己参与 DAO 的权利和义务。招募过程中，可以考虑通过对候选人进行面试或接纳后经过一段试用期等形式，对候选人进行筛选和考核，这样可以确保每个成员都能够积极参与并为 DAO 做出贡献。

在部门划分中，根据 DAO 的愿景和目标，可以将成员划分成多个部门，例如技术部门、市场部门、社区运营部门等。而在部门划分过程中，需要考虑每个部门的职责和工作内容，在职责明确的状况下确定每个部门的负责人。在早期缺乏专业人士参与的状况下，还可以考虑引入顾问或外部合作伙伴，为 DAO 提供更全面和专业的支持。

就让我们从初始的成员招募与部门划分这两个板块开始详细谈起。

8.1.1　DAO 的使命确认

作为一个去中心化自治组织，DAO 在定义上对去中心化和自治做出了解释。DAO 是建立在链上世界的去中心化集体，通过共识把一个个独立个体绑定在了一起，这种共识的搭建可以由这些独立的个体之间拥有了相同或者相似的目标产生，而去中心化彰显了这个组织形式和传统公司的不同。

在这个方面，去中心化自治组织的最终形态应该是以链上行为为核心，所有活动客观可量化，且人人平等。注意，这里的人人平等并非指所有人的工作量都是一致的，而是指所有人都遵循同一套规则的限制，没有任何一方可以凌驾于组织之上，进行任意的篡改或未经表决的行为。当然，如果严格地按照这些规范定义，现有的 DAO 基本都不是真正的去中心化自治组织，所以在以下的讨论中我们也会探讨在面临这些核心问题时，如何做得更贴近实际和如何从一个"非DAO"在执行过程中转化为一个真正的 DAO。在区块链不可能三角"去中心化、效率和安全"三者不可兼得的同时，需要通过机制的设置让三者达到最大平衡。

以第 4 章中提到的 SeeDAO 为例，SeeDAO 成立于 2020 年初，由一群热衷于区块链技术和去中心化金融的人士创建。成立初期，SeeDAO 的成员主要是一些技术开发者和区块链爱好者，随着时间的推移，SeeDAO 逐渐吸引了越来越多的人加入，这些成员来自各个领域，包括代码技术开发、金融创投、法律领域以及市场营销的营销人员等。

　　开始时的 SeeDAO 着眼于区块链技术和分布式应用研究，在之后的发展中，其提出了孵化和支持各种区块链和去中心化金融项目，它通过国库向项目方提供技术和资金支持，帮助这些项目在区块链和去中心化金融领域实现发展。

　　SeeDAO 还将重点放在社区治理上，通过通证持有人的投票来决定组织的发展方向和管理措施，每一项决策和管理都是基于智能合约和通证持有人的投票进行的，并且在之后成立了自己的"市政厅"进行选举。目前 SeeDAO 的成员分布在全球各地，是一个全球化发展的组织，在不断积极地与国内外的区块链和去中心化金融机构合作中，推动行业的发展和创新。现在的 SeeDAO 仍在持续发展和壮大，成员不断增加，社区治理和项目孵化也在不断深化。SeeDAO 官方网站如图 8-1 所示。

图 8-1　SeeDAO 官方网站

　　对于彻底去中心化的 DAO，成员招募应该基于社区的自愿原则，即任何人都可以加入 DAO 并贡献自己的时间和资源。由于成员都是自发的，因此 DAO 的愿景对于成员来说非常重要，这是贡献者参与的主要原因。这种情况下，DAO 的使命应该是具有吸引力的、激励人心的，能够让人们为之奋斗，为之付出。

　　对于早期的半去中心化 DAO 和传统的组织架构形式，成员招募则需要依赖于招聘、面试、选拔等方式来筛选出最适合的人才。这种情况下，DAO 的使命同样也非常重要，但相对来说并不像彻底的去中心化的 DAO 那样具有决定性，参与成员更多地是为了获取报酬或者谋求职业发展机会。

在部门划分上，彻底去中心化的 DAO 会更加灵活，因为没有明确的领导层或者是管理人员，可以通过自组织的方式，根据项目需求或者是个人兴趣来划分部门。早期的半去中心化 DAO 和传统的组织架构则可能需要更加正式的部门划分，以确保项目的顺利推进和协调。此时，部门划分可以根据专业领域、技能需求或者是工作类型等因素进行。

总之，无论是彻底的去中心化 DAO 还是早期的半去中心化 DAO 和传统的组织架构形式，都需要有一个具有吸引力的使命和合理的部门划分，以吸引并激励贡献者，推动项目的顺利推进。

如果你现在想要创建一个 DAO，则首先作为项目方需要考虑：这个平台的使命是什么？它是为了解决现有社交平台存在的问题，还是为了提供一个新的更加私密的社交体验？这个使命应该能够吸引到那些拥有相同信念的人们加入，并且如何让成员围绕这个使命来合作；例如，该 DAO 可能会通过社交媒体、区块链论坛等渠道寻找对该领域感兴趣的人，与他们建立联系，发掘他们的热情和技能，并邀请他们加入 DAO 项目方，成为贡献者。

8.1.2　新人的入职管理

首先十分抱歉，我们用到了"管理"这个传统的，看来十分类似于上级对下级的指令性行为进行描述，实际上管理的核心就是对于人员的治理。

现在让我们来想象，发起人已经因为某个愿景召集到了许多志同道合的人，贡献者都十分愿意为此付出一些力所能及的努力。如果是完全去中心化的自治组织，那么该行为的具体表现形式应该是类似于雅典的公民大会，实现直接民主，所有 DAO 成员通过选举建立起各个职能的公会或者部门，共同推举、选定战略委员会或者其他核心的职能构建体系，讨论下一步的具体工作，这个过程通常以提案的形式进行汇报并进行链上表决。

如果是半去中心化的自治组织，这些比较核心的内容可能在之前就已经被商定好或是已经划分一些重点职能，这种情况下，治理有可能是以半公司制半 DAO 的形式来实现的，核心成员以公司化形式进行治理，放出部分权限进行社区治理或者讨论，在划分的比较清晰的组织中，DAO 的核心贡献成员即便并非是公司内部员工，也可以进行相关的提案投票，但是核心权利还是保留在公司发起的群体手中。

这种情况下对新人的入职管理通常也会高效一些，大多数统领性内容和机构已经被确认，此时只需要根据想法沟通然后决定是否接收即可。在早期的人员治理上会相对有效率的提升，但是在较为成熟的完全去中心化组织上就会丧失效率优势，而且因为公司和 DAO 的理念存在一些天然的冲突，这种方法只能算是大多数早期的 DAO 发起时的权宜之计。当然，如果是传统公司，行为上大多数都是由创始人直接发放工资，所以执行上只需要听从安排即可，这种贡献或者工作的报酬获得途径也是和传统架构的重大区分之一，毕竟早期发起的DAO 基本没有直接去发工资的，大多数只是记录成员贡献，随后发放相对应的凭证。

在很多情况下，DAO 也会使用智能合约来实现新人的入职管理。通常会使用以下几种机制：

首先是通证奖励机制，很多 DAO 都会通过设置通证奖励机制来激励新人的入职。很多情况下，新人完成某些任务或达到一定的工作成果、获得了一定的贡献积分后，可以获得一定数量的奖励，这些通证可以作为经济奖励，也可以作为治理权的表现，可以激励新人更加积极地工作，并有利于 DAO 的发展和壮大。

其次是通证锁定机制。因为项目方在早期也无法确认新人对 DAO 的忠诚度，所以可以先实施通证锁定机制，在新人入职后的一定时间内将一定数量的通证奖励进行锁定。一段时间后，如果新人在这段时间内工作表现良好，这些原本被锁定的通证都将被解锁。这样的机制可以确保新人对 DAO 的忠诚度，并且提高新人的工作积极性。

最后是通证投票机制。新人的进入会对原本的贡献者造成一定的影响，为了尽量减少不良影响，可以设置通证投票机制来管理新人的入职。比如可以设置新人需要得到 DAO 成员的多数投票才能入职，这样可以确保新人符合 DAO 的要求和标准，也可以在一定程度上提高新人的工作质量。

让我们来看几个例子。AragonOne 就是一个基于 Aragon 平台的 DAO，其愿景是致力于推动去中心化治理的发展。AragonDAO 在新人入职管理上采用了通证锁定机制。新人入职后需要将一定数量的奖励通证锁定一段时间，如果新人在这段时间内工作表现良好，通证将被解锁，可以自由地进行交易；如果表现较差，通证就会被销毁或者收回。MakerDAO 作为一个基于以太坊平台的去中心化自治组织，它在新人入职管理上采用了通证奖励机制，新人完成某些任务或达到一定的工作成果后，可以获得通证奖励。GnosisDAO 在新人入职管理上采取了通证投票机制，每一个进入的新人需要得到 DAO 成员的多数投票才能入职，这样可以确保新人符合 DAO 的要求和标准，并且在某种意义上提升了成员的主观能动性，让自己的贡献效率可以得到更好的提升。

8.1.3 成员的参与度与社群氛围

作为去中心化自治组织，DAO 必然也会遇到一些和传统机构不同的问题。早期比较核心的问题是，如何调动参与成员的积极性及提升相应的任务完成效率。在早期架构中这些问题的处理较为棘手，尤其是在一个比较开放的去中心化自治组织中，大多数人因为兴趣参与进来，其中部分人可能是以数字游民或者兼职形式进行参与，他们实际还有本职工作，这种形式势必会在任务的进行程度和推进效率上产生问题。

这个问题的解决主要是通过发起人或者发起团队前期较多的努力，要在发起时便已列好相关的路线图和组织规划，并且对重要事件提前做出预判，不在具体执行的小事上进行太多的讨论或者进行投票环节。虽然这势必会影响到"去中心化"和对"自治"的探索，但是在早期 DAO 的建立和执行中，确实会在效率方面有较大提高，所以部分 DAO 会经历从一种早期半集中化逐渐转变为成熟的去中心化结构的过程。

当然，刚刚的方案只是在执行和具体的工作目标设定上有了一定的组织和改变。具体的参与度提升还是需要激励措施，我们经常可以看到"贡献积分"这个名词，这种模式就是对项目的贡献者进行积分，一定的积分可以换取各种权益，这样项目的贡献者可以得到更高的决策票数或者变现得到更多的经济奖励。对深度参与的贡献者发放一些非同质化通证以及同质化通证，前者可以让参与者更有凝聚力和认同感，尤其是静态的非同质化通证自带天然的流量并且相似图案有利于情感促进；而社区自主发放的同质化通证是经济权益的收获，部分种类也带有治理权益。如果是比较通行的同质化通证，这种激励就类似于项目报酬，可以在经济利益方面促近贡献者参与。其他的一些现有举措包括举办定期会议，组织会议让成员可以面对面地交流、讨论问题，共同制定决策，加强成员的参与感；定期地去开放招募，吸引更多的成员加入 DAO，扩大 DAO 的影响力和参与度。同时，DAO 也需要建立招募和筛选机制，保证新成员的质量和投入度。在这个过程中要注重实现目标的过程可视化，让成员可以清楚地了解 DAO 的目标、计划和进展，让他们对 DAO 的运营有更好的认识和理解，从而提高参与度。

社区的氛围是值得下功夫去营造的，一个好的社区氛围可以让参与者更加富有激情和动力，不论是国外的各类平台或者是传统的社群，包括一些现有的 DAO 社交治理小工具都可以应用于营造良好的社区氛围。

整体来看，因为 DAO 的建立是由于参与者或者贡献者们都有相同或者相近的目标，这种目标上的趋同会使得参与者不由自主地进行交流或者做出抱团行为。一般来说社群就是参与者获取信息的第一站，他们会在这个氛围内做出后续的决策，比如是否成为一个核心的贡献者，是否要去做一定数量的贡献，因此打造一个良好的社区文化和讨论交流环境是十分重要的。具体的打造方法可以根据 DAO 的特性，按照职能或者专业性划分出各种公会以及讨论小组，这样把更为契合的人聚集到一起，可以更加有效地降低沟通门槛并且产生共同话题，更好地实现共同目标。

8.1.4　成员的流动性

DAO 的流动性会比传统的组织架构要高，因为其对内部参与者的连接性并没有那么强，所以在前景不好的状况下参与者会减少或者在市场较好以及有意思的活动中参与者会增加。大多数 DAO 本身对于参与者的要求并不高，甚至任何人都可以成为参与者，绝大多数人都可以通过注册或者一个比较低的门槛进入 DAO，大多数 DAO 会采取积分制的配套激励措施从而使得权限和核心贡献者地位进行评价。也有部分 DAO 基于较高门槛，通常会使用非同质化通证等证明方式检测参与者身份，如果是基于这种方式加入，那么大多数 DAO 会定时使用机器人对该凭证的存在进行检测，如果凭证转换或者赠送给其他人员，那么成员就会失去此身份，身份会转移到下一位进入 DAO

的参与者身上。

整体来看，DAO 内成员的流动性会体现在以下两个方面：首先是 DAO 成员的可替换性，DAO 成员通常不是固定不变的，而是可以随时加入或退出 DAO，这意味着成员可以被替换，从而实现 DAO 成员的流动性。例如，如果一个成员不再对 DAO 的发展感兴趣，他可以选择退出，并将他的通证转让给其他人。

其次是 DAO 成员的可移动性，是指成员可以参与多个 DAO，或在不同的 DAO 之间流动。这种流动性使得成员可以将他们的经验、技能和资源在不同的 DAO 之间分享，从而获得更多的机会和经济回报。例如，一个技术专家可以参与多个 DAO，并在这些社区内分享他们掌握的技能和知识。

在比较成熟的 DAO 内，一般对于参与者不做太多限制，但是对于核心贡献者会有一套评价标准，保证核心贡献者数量维持在一个相对合理的范围当中。总体来看，虽然人员流动性较强，但是核心贡献者一般会较为稳定，做得比较好的内部协调方案也可以在内部进行成员调换或者通过发起提案，经批准后领导建设其他的活动小组或公会。DAO 成员的流动性是指他们可以在不同的 DAO 之间流动，并且可以被替换。这种流动性使得 DAO 成员可以获得更多的机会和收益，并且可以在 DAO 生态系统中建立更广泛的网络和社交联系。

8.1.5　为贡献者分配角色／成员身份

在为贡献者分配职能身份或者成员身份时，大多数 DAO 已经建立好相关的职能公会，在其中按照个人经历和兴趣点对贡献者进行岗位分配。值得注意的是，在成员身份的建设体系中，若要实现去中心化，那么早期的半中心化或者公司制管理需要向社区进行倾斜，并且不断修正体系最后实现内部循环自治。

通常来说，在规模比较大、结构较为松散的 DAO 内，只需要大家报名自己想要参与贡献的部门或者工会，就可以按照职能来完成身份分配了。但是在要求比较严格，控制规模比较小的 DAO 内部，就会对成员自身的经历以及相关背景有一定要求，再进行部门与成员双向确认的身份分配。成员在 DAO 内的身份也是可以更改的，只需要提交意愿经过审核，或者通过组间同意就可以进行转岗，或者一个人身兼多职，甚至一个人在多个 DAO 内同时拥有不同的身份都是存在的。

根据 DAO 的定位和职能不同初始身份也会有较大的区别，一般来说，初始身份会有以下几种分类。首先是技术专家，作为技术专家，成员要负责 DAO 的技术开发和维护，例如编写智能合约代码、构建 DAO 网站等，技术专家通常需要具备编程技能和区块链技术方面的知识，简而言之，技术专家需要是一个对链上知识比较了解的码农。然后是治理专家，负责 DAO 的治理和决策，在传统的公司制度中可以认为是提出专业建议的董事，他们可以提出治理提案，或者投票决策决定是否通过提案，这些人员通常需要具备较强的社区组织能力和沟通能力。

在一个早期建立的 DAO 中也缺少不了营销专家，毕竟很多情况下购买者的追捧情绪都是由某些特定的爆款营销方案带来的，营销专家需要负责 DAO 的品牌推广和宣传，策划 DAO 的社交媒体活动，参与行业活动，这样可以比较有效地提升 DAO 的知名度，这些营销专家通常需要具备市场营销和公关方面的知识和技能。还有一类身份是必不可缺的，就是设计专家，设计专家负责 DAO 的视觉设计和用户体验，设计 DAO 网站、品牌标识，通常需要具备设计和用户体验方面的知识和技能，试想一个完全没有美感，网页做得不堪入目的网站又有多少人愿意点进去慢慢了解呢。

在实际分配角色时，可以根据 DAO 的需要和贡献者的实际情况来制定角色，并且可以根据 DAO 的发展需要随时调整和优化角色分配。在一个 DAO 内，贡献者通常也可以自由选择他们想要参与的角色，并且根据自己的能力和兴趣来进行贡献，所以有兴趣的参与者还是要提升自己的竞争力，并通过双项选择确定角色。

8.2　DAO 的激励机制与资产管理

工作会获得一定的报酬，这是天经地义的，只是在传统的组织架构中，这种报酬通常是货币和各种各样的实物、股票期权等。在加密世界中同样有劳就有得，DAO 内也会有激励措施的存在。一个 DAO 能否运营得好，是否可以吸引到更多的人参与，激励方式是十分重要的，但是表现形式不尽相同，一般来说是以通证作为激励。下面我们就从 DAO 的激励机制和资产管理方面来聊一聊，在 DAO 中我们可以获得哪些报酬，我们的 DAO 又是如何运转、管理资产。

8.2.1　确定激励发放形式

一般情况下，一个 DAO 内是没有所谓的领导者存在的，那么如何进行任务的制定和节奏流程的把控呢？这就非常需要激励存在了。在加密世界中，激励一般是由一般性收入的加密货币和身份性的非同质化凭证组成的。对于一个组织中的成员来说，他的激励更类似于股票，所有人的努力和付出都可以让自己拥有的财产升值，从而达到针对全员的激励效果。

除此以外，非同质化凭证的发放更是独特的，这既是一种身份的体现，也因为其可以流动的特征而具有资产变现、抵押的功能。即使是不允许流动的 SBT（Soulbond Token，灵魂绑定通证）也可以作为身份证明从而享有更高的声誉。

这种激励通常可以使得一个 DAO 更具有凝聚力，在这些通证中，更重要的一点是治理权的获得，人们通常把 DAO 的治理权以通证的形式下放到 DAO 内的各个成员手中，这有点类似于股权。在一个人人都是贡献者的组织内，这样的形式可以更好地弥补原先传统组织架构中较为高效的中心化管理。在 DAO 内也可以以预算和项目赏金的形式给出激励，简而言之，激励的形式可以是财产、治理权或影响力，这样也可以让每一个贡献者更有参与感和获得感。

在一个没有领导者的 DAO 中，任务的制定和流程节奏的把控通常是通过协商和共识达成的。DAO 成员可以进行讨论和投票，以确定任务的优先级、时间表和具体实施细节。这些讨论和投票可以在 DAO 内部的论坛或社交平台上进行，或者通过线上会议和实时聊天工具进行。

谈到激励的时候，通证激励是最常见的，通常是选取一种可流通的数字货币。DAO 成员可以通过做出贡献而获得奖励，通证持有者则可以参与 DAO 的治理和投票，获得相应的治理权力或者直接进行出售换取现金。在很多情况下，大家会特别注重社会声誉激励，DAO 中的成员可以通过为 DAO 做出贡献而获得社会声誉，这种声誉可以增强成员在 DAO 内的影响力和地位。就像在开源软件社区中，开发者可以通过为开源项目做出贡献获得社区声誉，这种声誉可以提高他们在开源社区的影响力和知名度，在专业的圈子表示对专业能力的认可。

一个 DAO 内自然也会有"股权"激励，只不过实质有所变化，在 DAO 内的成员获得一定的"股权"代表着他们对 DAO 的所有权和治理权。这种激励方式通常用于需要成员长期参与和持续贡献的项目中，可以激励成员为 DAO 长期发展贡献力量。在一个 DAO 中，持有一定治理权的成员可以参与决策和治理。

在一些特殊状况下，成员可以获得项目赏金激励，DAO 中的成员可以为完成特定的任务或项目而获得这些奖励。这种激励方式通常用于短期项目或任务中，可以鼓励成员为 DAO 的特定需求做出贡献。

DAO 还可以通过预算的形式来给出激励。预算可以用于支持 DAO 的日常运营和开发。通过这种激励方式，可以激励成员更加积极地参与 DAO 的建设和发展，从而达到全员的激励效果。

总之，在 DAO 中，激励和治理是相辅相成的。去中心化的治理结构和多样化的激励方式，可以使得 DAO 的成员更加有动力和积极性参与 DAO 的建设和发展，从而推动 DAO 的发展壮大。

8.2.2　发放激励流程的标准化

正常情况下，我们在发放激励的时候是由一个专门负责评定的机构部门或者老板来确定的发放金额。但是在 DAO 中因为链上信息的透明性，通常我们会使用积分制度，对成员的行为进行链上积分，最后进行结算给予一定的激励。

在这个过程中，我们也发现了几种目前正在被标准化的激励方案，例如成员互评。因为量化积分的硬性可刷，所以加入了成员之间对于项目工作的看法评价，激励的初衷本来就是为了让大家可以更好地去做事，如果一味地追求分数和排名会导致作弊和摸鱼现象的发生，所以引入一定比例的成员判定有利于 DAO 发放激励流程的标准化确定。在这些方案的基础上，也有一些 DAO 引入了投票和积分方案，更是把上述思路的流程加以确认和进行了规定性的确认占比。

假如你设计了一款开发和推广新游戏的 DAO，那么所有的参与者都可以通过贡献代码、设计、市场推广等不同的方式来获得积分，积分的获得方式是由 DAO 内部的算法确定的，这些算法将考虑每个参与者的贡献、完成度和时长等因素。所有的参与者都可以在 DAO 的链上治理工具里查看自己的积分，了解到自己的排名和其他参与者的贡献情况。

为了确保激励的公正性和准确性，还应该 DAO 引入成员互评和投票机制，所有的成员之间都可以相互评价对方的工作，并按照评分确定积分的分配。同时，为了完善 DAO 的治理，还可以定期进行投票，确定好每一个成员的贡献、积分和其他因素的比例，这些投票和成员互评将有助于确保激励方案的公正性和透明度。

根据我们对不同 DAO 的成员采访，成员在 DAO 内的薪酬如果都换算成现金会有比较大的波动，之所以会有这么大的范围变化主要是因为成员在月内进行的贡献量不同。作为非全职贡献者，在工作比较忙的状况下就会少做一些贡献，在比较轻松的状况下会多承担一些工作，获得更高的贡献值。

8.2.3 国库的建立与资源分配

在经济方面，DAO 是一个通过激励从而达到特定行为的去中心化组织。在这个过程中，DAO 的国库相当于"国家财政＋中央银行"，起到的作用无比重要。关于治理凭证和通证的方法问题我们不再赘述，在此只聊一些国库的基础性内容。

首先我们在建立 DAO 后，一定要对整个项目的经济状况做出预算规划，一方面是为了治理，另外一方面是为了财务激励，这部分还包括出售给个人投资者或者私募股权基金的部分凭证。

DAO 的资产一般有这几种形式：治理通证代表着治理权的所在，有点类似于我们传统架构中的股权；流通的稳定性通证，通常用这个来发放对贡献者的财务激励，或者进行日常的链上管理活动花费；还有 DAO 原生通证，一个 DAO 的价值通常是将自身原生通证和稳定通证或其他公认有价值的通证进行绑定，从而在贡献成长中进行增值。很多 DAO 还会拥有其他 DAO 的项目通证，比如很多 DAO 都有自己的孵化器，进行早期孵化后一般都有留有部分的项目方通证用于收回孵化成本赚取收益。

在一个 DAO 内，为了保持良好的财务状况，财务收入应该大于平时的消耗和支出，这就意味着需要对资金的流入和流出做好把控。通常我们可以看到，DAO 的收入总是来自各种各样的营收方式，这些方式可以是发行相关权证，从事抵押业务或者咨询服务。在 DAO 的支出环节只需要确保支出符合在线路图的正常运营范围内不超标，在这个问题上 DAO 组织和传统组织考虑的方式其实十分相似，比如营收怎么实现，盈利怎么增加？这些都是需要 DAO 在创立时去思考的。

比如海外的 EcoDAO，在设立国库后，将一部分资金或通证储存在国库中，并且设立一定的规则和流程来管理和使用这些资金或通证，该 DAO 的使命是推广可持续发展和环保行业。如果你也参与建立了一个类似的 DAO，那么就可以考虑制定以下规则，包括：

- 国库中的通证只能用于与可持续发展和环保行业相关的项目或倡议。
- 在使用国库中的通证前，必须通过 DAO 成员的投票进行批准。
- 每个项目或倡议可以得到的国库通证数量有限，需要在申请前提前提交详细的计划和预算，由 DAO 成员进行审核和投票决定。

如果这些规则真的实行起来，那么你创建的环保 DAO 就可以支持和资助各种与可持续发展和环保行业相关的项目或倡议，例如：

- 资助一个环保组织开展清洁海洋活动，购买必要的设备和物资。
- 投资一家环保科技公司，支持其研发环保技术和产品。
- 资助一个社区发起一个可持续的农业项目，帮助当地居民获得更多的可持续性工作报酬。

通过这些规则，DAO 可以更好地实现其使命，同时也可以提高成员对 DAO 的信任和参与度。

8.3　DAO 的健康指标

DAO 作为一种新型的组织结构，如何科学衡量它的健康指标是相对比较困难且复杂的。因为无论是学术领域还是 Web3.0 领域，都还尚未对其建立明确的定义，同时缺乏相应的基准。

当然，通过我们对传统组织的了解和实践知识，加上传统科学文献的论证和 Web3.0 的经验，可以为 DAO 的各类健康指标做一个模糊的范畴定义。就像我们会根据创建的新地址的数量或交易的数量和大小来评估区块链基础设施，亦或者通过总价值锁定（TVL，加密通证项目中用户抵押的数字资产总价值）去确认一个 DeFi 项目的热门度。而本书将结合截至目前 Web3.0 领域常用的 DAO 健康指标，和贴合 DAO 属性的传统组织结构的各项指标，来定义什么是健康的 DAO。

我们可以把 DAO 的健康情况抽象地理解为一艘星际飞船的运行方式，在浩瀚无际的太空里飞行，无论是谁在掌舵这艘飞船，无论什么样的太空碎片撞击它，它都在前往一个大家认定的目的地。就如麦肯锡报告里对一个组织健康的定义所说："组织的健康不仅仅是文化或员工参与，它是组织围绕一个共同的愿景，有效地执行该愿景，并通过创新和创造性思维进行自我更新的能力。"

为了更好的解释各个 DAO 的健康指标，本书将各类指标维度化，并将其分解为几个重要的指标，如图 8-2 所示。

一个健康的 DAO = 健康的技术底层 + 健康的财务 + 健康的社区 + 健康的治理 + 健康的战略

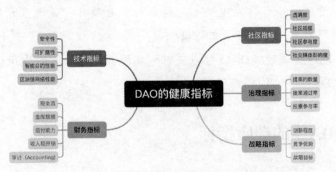

图 8-2　DAO 的健康指标

8.3.1　技术指标

关注 DAO 的技术指标很重要，因为它们可以提供关于 DAO 健康程度和潜在风险的重要信息。技术指标可以提供有关 DAO 的各种数据，例如 DAO 的总锁定价值、每个用户的锁定价值、每个交易的成本等。这些数据可以帮助用户更好地了解 DAO 的规模、发展速度和健康状况，从而可以帮助用户做出决策，根据技术指标，用户可以决定是否参与 DAO。例如，如果 DAO 的技术指标显示 DAO 存在较高的风险或不健康，用户可能会决定不参与 DAO。相反，如果技术指标表明 DAO 非常健康且有利可图，用户可能会决定投资或参与 DAO。最后技术指标可以促进 DAO 的发展，可以帮助 DAO 的开发人员更好地了解 DAO 的运行状况和瓶颈，从而改进 DAO 的性能。此外，通过公开技术指标，DAO 可以获得更多的用户信任和支持，促进 DAO 的发展和扩展。DAD 的技术指标包含以下几个方面：

- **安全性**：一个健康的 DAO 应该有强大的安全措施来防止网络攻击和其他威胁。这可以通过一些衡量标准来评估 DAO 健康程度，例如发现的安全漏洞数量，以及解决这些问题所需的时间。

- **可扩展性**：我们在第 4 章有讲到 DAO 的技术治理，而其中的合约、治理、投票、多签钱包等系统均需要基于一个高扩展性的技术底层。一个足够健康的 DAO 应当拥有相对较高级别的扩展能力，如同一个拥有高吞吐量的区块网络，能处理大量的交易和用户而不遇到性能问题。用户可以在使用 DAO 的过程中，从处理的交易和用户数量来衡量 DAO 健康程度，而不会出现延迟或其他问题。

- **智能合约性能**：智能合约作为 DAO 的基础，它定义了 DAO 组织的规则，因此一个设计良好、高效且没有 bug 和漏洞的智能合约，是至关重要的。智能合约中发现的错误和漏洞的数量，以及修复这些问题所需的时间都是可以衡量 DAO 健康的标准。

- **区块链网络性能**：可以简单地理解为，我们在使用电脑时要选择的软件系统：Windows、macOS 等。DAO 也需要选择建立的区块链网络，而基于一个稳定而高效的区块链网络，它的交易费用会更低，并且有着更快的交易速度。我们可以通过平均区块时间、每秒交易数量和平均交易费等数据去了解不同的区块链网络。

8.3.2 财务指标

关注 DAO 的财务指标是非常重要的，因为这可以帮助了解 DAO 的财务状况和健康程度。与传统公司一样，DAO 也需要保持良好的财务状况，以确保其可持续发展。

- **现金流**：如同现实中的组织一样，DAO 的财务指标离不开一些传统衡量的标准。例如正向的现金流，这意味着运营中产生的现金要大于日常的支出。对一些自行发行通证的 DAO 组织来说，现金一般并不是问题。但用户也要时刻注意他们整体的资金流动性，包括下面提到的金库提量。

- **金库规模**：金库（Treasury）的规模和组成会根据 DAO 的形式有所不同，一些小或中的 DAO 倾向于以自发的通证作为主要资产，还有一些 DAO 的资产会更多元化一些。一个理想情况下的 DAO 金库，应当拥有广泛的增长资产、固定收益资产（例如收益 DeFi 通证）和通证化的现实世界资产（例如以通证的形式发行房地产的股票）。

- **收入和开销**：良好的收入和开销意味着 DAO 组织拥有一个平衡的预算，有足够的收入来支付其支出。这可以通过组织的财务报表来衡量，它会提供有关其收入和支出的详细信息。与任何传统组织一样，DAO 也需要金融资本。收入除了本身的通证发售以外，上述提到的 DeFi 协议收入等，都是非常理想的持续性收入形式。

- **偿付能力**：如字面描述的一样，偿付能力意味着有 DAO 足够的资产来支付其债务，并且 DAO 不应该有大量的债务。这可以通过该 DAO 的资产负债表来衡量，该表提供了关于其资产、负债和权益的信息。

- **审计**：要快速评估 DAO 的财务健康状况，一个拥有良好审计透明度的 DAO 可以做到这点。区块链的开放透明性使任何用户都可以自由地检查进出金库的交易，而一些组织会把这些信息公开地披露在官方信息平台上，例如在 Dune Analytics 的信息网页上可以找到相关组织的财务信息。

根据 DAO 的性质及其持有的资产不同，评估它的财务状况的方法也会有些许不同。一些最大的 DAO，例如 MakerDAO，他们自己就会定期发布财务报告，公布资产持有比等信息。而一些比较新的 DAO，在公共信息较少的情况下，读者将需要更多的时间和耐心去审核财务状况。

8.3.3　社区指标

社区指标是评估 DAO 运营和发展的重要指标之一，因为 DAO 本质上是由社区成员组成的自治组织。社区指标可以帮助我们了解社区的规模、活跃程度、参与度、贡献度等情况，从而更好地评估 DAO 的健康度和发展潜力。

- **透明度**：社区透明度代表在其运作和决策的过程中，对社区成员保持的信息开放程度。在传统企业结构当中，金字塔一般的高长形状意味着烦琐且管理层数众多的缺点，信息透明度也不言而喻。换句话来说，传统组织绝大部分都是以层次结构组成，信息都是线性地，一层一层地，由上向下传递。而一个理想的 DAO 组织应是网络结构，如区块链网络一般，每个节点（即组织成员）可以贡献自己的决策。读者可以从财务报告的透明程度、沟通渠道的开放程度以及社区活动信息的可获得性来衡量透明度。

- **社区规模**：社区的总规模可以简单地定义为整个 DAO 组织的成员人数，一些 DAO 会包含所有社交媒体的人数，例如 Telegram、Discord 等。还有筛选更严谨的 DAO 会将通证持有者作为真正的组织成员。

- **社区参与度**：一个健康的社区，除了足够数量的社区成员，成员的社区参与度也至关重要。所谓的参与度可以从为社区做出贡献的成员数量、提交的提案数量以及参与决策过程的程度等来评判。

- **社区媒体影响度**：作为几乎所有活动都在线上的组织，社交媒体的影响度自然可以作为评判社区健康指标的一大标准。比如，Twitter 的各项指标：从简单的粉丝数量，到推文的数量甚至是推文互动指数都是可以作为参考的。

8.3.4 治理指标

治理是 DAO 的核心，因为它直接影响着 DAO 的运行和决策。因此，关注 DAO 的治理指标可以让人们更好地了解 DAO 的运行状况，以及 DAO 参与者之间的合作和决策流程。

- **提案的数量**：一个没有治理行为的 DAO，更像一个被动的工具，而不是一个组织。一个在治理层面健康的 DAO，除了有大量的参与者外，应有足够数量和质量的提案来表明治理行为正在健康运作。

- **提案通过率**：这里并不是指单纯的提案通过或者失败，因为绝大部分的提案在合理的情况下，都会得到组织成员的支持。但需要注意的是，参与的成员或者通证投票量是否过于集中。在一些 DAO 中，如果绝大部分的投票权都在少数人手中，它的本质并不是一个合理的去中心化组织。

- **投票参与率**：参与率如同字面意思，代表了参与治理的社区成员百分比。DAO 的一个重要治理理念是整个社区参与到决策当中，因此一个拥有高投票参与率的 DAO 在治理层面上来说，是一个比较健康的组织。我们可以从一些第三方信息网站查询一些 DAO 的此类指标。如果 DAO 的参与者对治理流程和决策有高度的参与度，那么 DAO 的决策将更具代表性和合理性。

- **决策效率**：高效的治理流程可以使 DAO 快速做出决策，提高 DAO 的响应速度和灵活性。

- **透明度**：高度透明的治理流程可以让 DAO 参与者更好地了解 DAO 的运作，增强对 DAO 的信任度和对社区的认同感。

- **安全性**：有效的治理流程可以防止 DAO 出现安全问题，保障 DAO 参与者的权益和利益。

- **治理模型**：不同的 DAO 采用不同的治理模型，而治理模型会直接影响 DAO 的决策流程和参与者的权利。

8.3.5　战略指标

关注 DAO 的战略指标十分重要，因为这些指标可以提供对 DAO 未来发展方向和长期成功的洞察。从而指导 DAO 未来发展方向，以及通过识别并量化关键业务绩效指标，制定相应的战略和计划，以实现其长期目标。DAO 的战略指标分为以下几个方面：

- **创新程度**：DAO 可以成为任何性质的组织，就像我们理解的传统组织一般，可以提供任何产品或者服务。而 DAO 所提供的产品或者服务也可以是任何东西，不仅限于区块链领域内的事物，还可以是投资基金，链下资源或者某种特定服务。一个足够创新的 DAO 理应不断寻找新的机会来成长和改进，不断地创新进步。我们可以通过 DAO 推出新产品或者服务的数量，以及该组织适应高变化性的市场条件的程度来衡量其创新程度。

- **竞争优势**：竞争优势可以是成员基于同一目标，更独特的细节服务也可以是独有的价值目标，无论如何，最终目的是有别于竞争对手，并且利用这个优势来实现组织的战略目标。除了创建针对 DAO 目标的竞争优势除外，独特的市场，营销方案也可以是竞争优势的衡量标准。

- **战略目标**：一个好的战略目标不一定是烦琐且复杂的，恰恰相反，在很多情况下，简单明了的愿景和使命能更好地向组织成员传递目标。基于不同的战略目标，DAO 的结构和运作时长也会有所不同。以 ConstitutionDAO 为例，在 2021 年其创建的初衷就非常简单：募资竞标美国宪法的副本，而在竞标失败后，官方也在同月宣称了 DAO 的正式解散。

8.4 DAO 运营的常见问题和解决方案

当前，DAO 的运营主要依赖于社区成员的参与和治理机制的运转。DAO 的社区成员在链上进行投票、提案和决策，从而影响 DAO 的发展方向和决策结果。同时，DAO 的治理机制也在不断地完善和优化，例如引入新的治理模型、激励措施等。此外，DAO 的技术也在不断地进步，从单纯的通证发行到更加复杂的智能合约、链上治理等。在这样的环境下，需要不断地适应和调整 DAO 的运营，以满足社区的需求和提高 DAO 的效率和可持续性。

虽然 DAO 作为一种新兴的去中心化组织形式具有许多优势，但也存在一些运营上的问题。其中一些问题包括：技术风险问题、社区治理问题、财务风险问题和法律监管问题。

在这些问题当中，首先我们要看到技术风险，因为 DAO 是一个建立在区块链技术上的组织，所以和其底层技术相关的问题都可能会影响到相应的功能实现，比如如果一个 DAO 在决策时发生了技术错误，导致投票出现问题，或者国库保存的资产因为技术被转移到错误的位置，这些都是很大的问题。其次就是社区治理问题，在一个DAO 里面，社区的成员在很多情况下都会共同去参与决策的制定和相关的治理，这就会引发很多管理沟通方面的问题，尤其是人员数量多，参与成员复杂的 DAO，很容易因此导致不同成员间的利益冲突问题，这些都会影响到组织的自治运营，甚至会发展成派系之争。

我们还要考虑到的是财务风险，因为一个组织的活动动力是离不开经济情况的。如果是一个比较大的自治组织，会对管理、投资、使用自身的资产做出一系列比较复杂的程序，虽然在区块链上可以简化这些程序，但是这些风险依然存在。很多项目出现问题的核心原因就是自身的财务风险没有控制好，以至于最后出现了流动性风险。最后还有一个值得注意的是法律和监管问题，一个 DAO 的运营可能会涉及多个国家和地区，因此需要了解和遵守各地的法律和监管要求，如果缺乏法律支持和监管机制，那就很有可能会使 DAO 的实地运营或者线下业务开展面临诸多挑战和风险。

这些问题可能会对 DAO 的稳定运作产生不利影响，因此需要在DAO 的设计和运营过程中予以考虑和解决。我们也在现实状况下提出了一些解决方案，可以进行尝试，比如在一个 DAO 内可以提高成员参与度，采用多元化的激励机制，进行分等级贡献制度的通证奖励，这样可以吸引到更多的成员参与；还要为成员提供更多的交流、沟通和协作的机会，让大家互相熟悉，这样才能激发社区的活力；或者采取一些加强社区治理的机制，可以建立一套系统的规范化、透明化、公正化的决策流程和机制，这样能够比较好地保证社区成员的参与度和决策的公正性，目前的很多 DAO 内都是采用投票机制进行决策，或者设置独立的社区治理委员会作为社区的重要决策机构。

还要注意的是强化安全性，争取不要出现技术性故障，采用安全性较高的智能合约技术和数据加密技术，建立安全的 DAO 平台和 DAO 生态环境，可以定时地选用一些代码审计公司看看自己的项目有没有一些黑客攻击或者人为的后门。要拓展 DAO 的应用场景，将 DAO 运用到更多的领域中，这样才能够实现更多的社会价值和商业价值，同时也可以扩大 DAO 的规模和影响力。

要建立一个良好的 DAO 生态环境，还是需要各方共同努力，不断探索和实践，建立规范化、透明化、公正化的治理机制，吸引更多的人才和资本加入，推动 DAO 的发展和创新。

09

第 9 章
DAO 的运营工具

当 DAO 社区的规模和复杂度增长到一定程度，就必须使用工具来进行 DAO 组织治理。如果将 DAO 看作是一种人机混合治理的组织，目的是将人类行为之间的交互过程自动化，那么这种组织的实施和部署需要在社会性和技术性之间寻找到某种平衡。

DAO 成员从加入到获取收益一般分为三个阶段：

第一个阶段是获得身份，在这个阶段 DAO 成员需要表明自身的能力和承诺未来可以作出的贡献，以获得身份。

第二个阶段是贡献度量化，即将成员对组织的贡献按照一定算法进行量化，以确定声誉积分。

第三个阶段是获取收益的阶段，即将身份、声誉和积分按照一定算法进行综合评定，以确定最终成员可以获取的收益。

在这三个阶段的每一个环节中，市场都为 DAO 组织提供了诸多可供选择的治理工具。下面我们根据 DAO 治理的不同方面，介绍市场上较为知名和常用的一些治理工具。

9.1　金库管理：承接经济模型与收益体系

金库管理的治理工具可以承接经济模型与收益体系。

9.1.1　金库管理：Juicebox、Llama

（1）Juicebox。

Juicebox 的定位是以太坊链上的一个可编程融资协议，它既可以作为小组工具来使用，也可以有能力扩展为一个全球化的融资服务网络（图 9-1）。DAO 组织、众筹、NFT 项目和独立贡献者都可以使用 Juicebox。截至 2023 年 1 月 13 日，该协议已经帮助了 1045 个项目，融资了 51 183 个 ETH，相当于 71 918 449 美元。

图 9-1　Juicebox 官网

在 Juicebox 上创建一个项目相当于铸造了一个 ERC-721 标准的 NFT，它代表了该项目的所有权，任何拥有这个 NFT 的人可以制定收益分配规则。

使用 Juicebox 的步骤如下：

第一步，获取资金。为了给自己的项目获取基于 ETH 的众筹资金，项目方需要根据预期开支设定一个融资目标，任何项目方通证的持有人都可以索取超出融资目标部分的金额，即共享融资溢出额。融资溢出额被锁仓在一个溢出池中。

第二步，给予所有权。作为对众筹投资人的回报，项目方需要给予他们一定的项目通证，项目通证可用来兑换项目的一部分融资溢出额。这样，项目的社群可以与项目方一道获取回报。另外，项目的通证可以授予利益相关者治理权、社区访问权和其他会员特权。

第三步，管理项目资金。将部分项目的资金给予项目方希望支持的人群或其他项目，或向贡献者支付薪水。

第四步，建立信任。任何对项目资金配置的更改都需要得到社区的批准才能生效，这样可以防止项目方跑路。

建立在 Juicebox 上的项目方需要从提取的融资额中支付 2.5% 的 JBX（Juicebox 协议的通证）会员费到 JuiceboxDAO 资金库。因此，项目方可以使用他们的 JBX 参与 JuiceboxDAO 及其集体金库的治理，并从其不断增长的溢出中赎回金额。会员费用也可通过 JBX 会员投票进行更改。

项目方可以有选择性地设计一个折现率来激励众筹投资者更早地为项目做出贡献。在每一次新一轮的融资中，项目方给予众筹投资者的通证回报将会因为折现率的存在而减少。更高的折现率将会激励众筹投资者更早地为项目贡献资金。

项目方还可以设置一个赎回率，来奖励较晚用通证赎回融资溢出额部分的人。例如，如果赎回率为 70%，在任何时刻赎回整个通证供应量的 10%，将只能得到大概整体融资溢出额的 7%。剩余的 3% 将被其他通证持有人共享。当然，项目方可以选择保留一部分通证并取得该部分对应的融资溢出额。

尽管 Juicebox 的智能合约经过了多重审计，但并不保证自身没有任何漏洞，它同时也鼓励人们在使用前查看 Juicebox 的源代码，了解全部风险，并向 Juicebox 提问。

（2）Llama。

Llama 是一个 DAO 工具，用来简化激励流程、国库管理以及社区提案。Llama 提供了一个数据分析面板，使得 DAO 组织成员可以查看组织过往的表现，促进激励过程透明化。使用 Llama 可以让 DAO 组织更有效地扩张，帮助协作型项目达到预期的效果。Llama 希望通过协议升级、财务策略、流动性激励计划、分析仪表板和其他链上提案帮助去中心化社区将影响力最大化。

截至本书完稿之时，Llama 还没有上线，更新的进度可扫码查看。

9.1.2　资金管理：Gnosis Safe、Cobo

（1）Gnosis Safe 多签钱包。

Gnosis Safe 是以太坊上的一款链上多签钱包解决方案，由 Gnosis 团队打造，这是一个基于以太坊的智能合约钱包，其要求在交易发生前，总人数 N 中至少有 M 数量的人批准交易（M-of-N）。作为最长期的一款链上多签产品，其为以太坊及 EVM 生态中超过 90% 的 DApp、DAO 以及机构提供服务，如果以托管所承载的业务量来看，2022 年 Gnosis Safe 承载了 \$76B 价值的资产，超过了同期最大的中心化托管商 Coinbase。特别地，Gnosis Safe 让 DAO 以多签钱包的方式自主管理金库，由多签人掌握资金安全，不再依赖第三方处理资金。

从官方文档来看，Gnosis Safe 主要实现了以下产品能力：

- **安全性多签设置**：多重签名功能允许定义所有者账户列表和确认交易所需账户的阈值数量。一旦所有者账户的阈值确认了一笔交易，即可执行安全交易。

- **高级执行逻辑**：可以使用不同的 Gnosis Safe 库合约来执行复杂的交易。即其可将多笔交易按照自己的意愿来进行组合，并最终以单笔交易的操作来实现，如将处理 DAO 发工资中每个月都对数十个地址转账的数十次操作简化为一次操作，大幅降低人力。

- **多资产、多渠道、多 DApps 兼容**：Gnosis Safe 支持多种数字资产，比如 ETH、ERC20（通证）和 ERC721（收藏品），并支持多种钱包链接，包括移动钱包、浏览器插件及硬件钱包。此外，其内置多种 DApp 访问界面，点击 LOGO 即可进入对应应用，整体体验丝滑流畅。

（2）Cobo 资产托管。

Cobo 是一家总部位于新加坡的数字资产托管和区块链技术提供商，由神鱼和蒋长浩于 2017 年联合创立，服务包括知名家族办公室、上市公司、顶级对冲基金、交易所等在内的全球机构客户超过 500 家。

CEO 神鱼是中国加密货币行业的意见领袖，最早的加密货币先驱之一，创立了全球最大的综合性数字货币矿池 F2Pool，也曾创立了中国第一家比特币门户网站壹比特。CTO 蒋长浩于伊利诺伊大学厄巴纳 - 香槟分校计算机科学专业获得博士学位，是 Facebook 的早期员工，2013 年创立了中国第一个加密货币钱包币行。

2021 年，Cobo 筹集了由 DST Global、A&T Capital 和 IMO Ventures 共同领投的 4000 万美元的 B 轮融资，以加速去中心化金融即服务（DFaaS，DeFi as a Service）的发展。当前，Cobo 托管的资产价值已达到 15 亿美元。

目前，Cobo 提供的产品服务包括：基于多方安全计算阈值签名技术的协管方案 Cobo MPC WaaS、适用于团队进行 DeFi 的链上智能合约多重签名解决方案 Cobo Argus 以及中心化安全托管解决方案 Cobo Custody（图 9-2）。同时，Cobo 针对特定的机构与赛道，推出了钱包即服务 WaaS（Wallet as a Service）与 NFT 托管即服务 NaaS（NFT as a Service）。在合规方面，Cobo 持有美国、中国香港和立陶宛的牌照，同时已获得 SOC 2 Type I 认证以及迪拜虚拟资产监管局 VARA 的原则性批信，新加坡牌照也正在申请中。

Cobo Custody 托管服务可支持存储 60 多个主流公链和 1600 多种通证，用户通过借贷和质押加密货币可以赚取被动收益。使用者通过固定收益计划借出 BTC 和 ETH，可获得 4%～5% 的收益，借出 USDT 可获得 8%～9% 的被动收益。

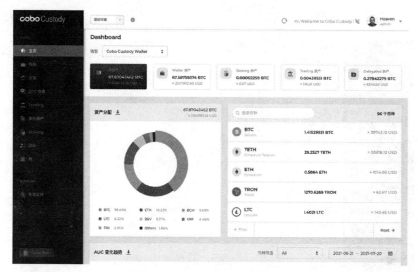

图 9-2　Cobo Custody 服务界面

Cobo MPC WaaS 钱包服务（图 9-3）是一种基于 MPC-TSS（MPC，Secure Muti-Party Computation-TSS，Threshold Signature Scheme，多方安全计算的阈值签名技术）的服务，并以 Wallet-as-a-Service 的形式提供数字资产协管和区块链技术服务。运用 MPC-TSS 技术，多方各自管理一个私钥分片（MPC Key Share），通过分布式计算的方式完成私钥的创建（Generate）、签名（Sign）和恢复（Recover）等动作。在分布式计算的过程中，任何一方的私钥分片都不会因为协同交互而泄露，并且完整私钥也不会以任何形式存在于任何地方。MPC-TSS 技术确保个人和企业能够更加方便、安全、满足业务逻辑地使用密钥。

Cobo NFT Custody（图 9-4）是 Cobo 旗下的一站式 NFT 资产管理平台，为 NFT 平台方赋能。NFT 平台方将拥有更多自主空间，设计打造包括从发行、资产展示、交易、领取空投等在内的差异化 C 端平台产品。同时，Cobo NFT Custody 支持通过 API 方式完成链上合约交互与自定义风控策略，以满足机构、团队对于多元化 NFT 资产的发行、管理的一站式需求。

图 9-3　Cobo MPC WaaS 协管服务界面

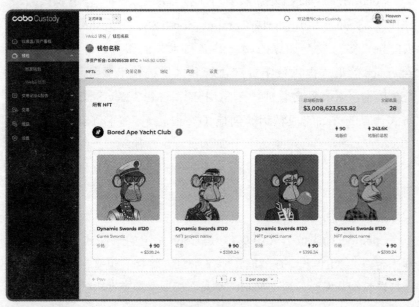

图 9-4　Cobo NFT Custody 服务界面

9.2　成员管理：构建身份与权限体系

成员管理的治理工具可以构建身份与权限体系。

9.2.1　入职管理：DAOLens、collab.land

（1）DAOLens。

DAOLens 是一个面向 DAO 组织的工具产品，为 DAO 社区提供社群管理工具和基础设施，具有入职管理、贡献管理、发现服务和运营管理四个方面的功能，可以说是一个 DAO 版的钉钉（图 9-5）。

- **入职管理**：在入职培训中，DAOLens 将一个 DAO 里使用的工具套件整合在一起，供新加入者掌握和理解。如果一个 DAO 中潜水的人多于贡献者，DAOLens 的自助服务解决方案可以在三分钟内部署完毕。管理员可以从集中的仪表板中看到新加入者的身份，例如他们来自哪里、因何而来、带来什么价值、如何加入，最后应该被输送到哪个板块。

- **贡献管理**：DAO 组织的成员往往疲于在各种不同的工具之间来回切换，有些是用来写文档，有些是用来讨论，有些用来关注链上或链下的信息，有些是为了进行任务创建或管理，以及赏金的提交、批准和支出。在没有 DAOLens 时，人们在这些单点解决方案之间来回切换，很可能造成上下文脱钩和缺失。DAOLens 将以上所有类型的工具都集中在一个套件中，用户因此也就无须在大量解决方案之间切换了。另外，如果贡献者需要参与不同的 DAO 组织，DAOLens 也提供了一个 Crosstalk Feed 的功能，方便 DAO 组织成员使用。

- **发现服务**：DAOLens 提供了一个名为 DiscoverDAO 的库，确保任何人加入 DAO 组织以后，都能够理解这个组织的业务，并快速开始工作。

- **运营管理**：当一个新发起的 DAO 想要建立工作流程，或者已经建立的 DAO 试图为自己的社区提供其他可扩展的工具，DAOLens 都可以满足这样的运营需求，持续为使用者提供更多服务。

图 9-5　DAOLens 界面

在具体的功能板块上，DAOLens 提供了全局浏览、赏金计划、课程体系、社区提案、项目任务、线上研讨等板块，将 DAO 的组织和分工进行了切分简化，使社群贡献者使用起来更加便捷，极大地提高了效率。

（2）Collab.Land。

Collab.Land 是一个服务于 DAO 组织、NFT 社区、品牌方和各类项目的自动化社区管理工具，可根据通证所有权管理会员资格。Collab.Land 的一位联合创始人，同时也是 Loopback 项目的创建者，后者是一个用于构建 API 和微服务的高扩展的 Node.js 和 TypeScript 框架，由 OpenJS 基金会管理超过了 10 年的时间。因此 Collab.Land 选择建立在了 Loopback 上。

使用 Collab.Land 的项目方需要首先发行自己的通证，并从最开始就为社区成员赋予一定的身份标签，并根据项目的进展不断地更新成员的身份。社区管理员可以使用通证或者 NFT 在 23 个不同的 L1 和 L2 链上创建访问权限。Collab.Land 总共可以针对用户自选的 22 个数字钱包以及 WalletConnect 提供的另外 19 个钱包进行会员身份验证。

当前 Collab.Land 上认证的地址超过 600 万个，集成了该工具的 Discord 和 Telegram 活跃社群数超过 4 万个。

9.2.2　薪酬管理：0xSplits、Mural

（1）0xSplits 发薪工具。

0xSplits 是一个安全高效的链上去中心化支付协议，具有无须信任、可组合和节省 gas 费用[①]的特性，用于在链上分发薪酬。管理者不需要使用任何多签钱包，只需要在初始化时设置好薪酬的分配比例和日程安排，就可以自动执行了（图 9-6）。

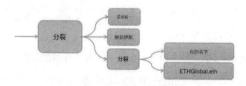

图 9-6　0xSplits 收益分配原理示意图

该协议采用超结构（Hyperstructure）的形式，无须额外的维护成本，可以永久运行并且不收取任何额外费用。所谓超结构，即同时满足以下条件：

- **无法被停机**：只要底层公链一直存在，该协议就无法被任何人叫停。
- **免费的**：协议本身不收取任何费用。
- **有价值的**：增加持有者的价值。

---

① 用于衡量消息消耗的计算和存储资源的成本。

- **可扩展性**：协议参与者有内置的激励措施。
- **无准入限制**：可访问且抗审查。
- **正和**：为使用相同基础设施的参与者创造了双赢的环境。
- **可靠中立**：该协议与用户身份无关。

0xSplits 的使用主要分为四个步骤：创建合约、存放资金、分配资金、提取收益。

- **创建合约**：扫描右侧二维码登录网站，在表单中填写接收者的钱包地址，以及每一个接收者可以分配的比例。
- **存放资金**：上一步创建的合约有一个以太坊地址，所有的 ETH 和基于 ERC20 创建的通证，都可以存储在该合约里。
- **分配资金**：合约内的资金只有被分配以后，接收者才可以提取属于自己的部分。
- **提取收益**：接收者可以在一个单次交易中提取其参与的全部合约中的所有收益。如果该接受者本身也是一个智能合约，允许第三方可以为其进行提取。

另外，0xSplits 还提供了两个模块：Waterfall 和 Vesting，用于扩展基础功能。其中，Waterfall 可以设置不同账户获得付款的顺序，Vesting 可以在一个规定时间段内将各自独立的通证交易流整合到一个接收地址中。

当前，0xSplits 已经帮助超过 2000 万美元的资金分配给了超过 3700 个接收者。

（2）Mural。

2022 年 8 月，Mural 获得了种子轮 560 万美元的融资，试图构建一个安全便捷的 DAO 国库管理工具。该项目的创始人们 Sinclair Toffa、Kevin Alvarez Fung、Arthur Kam 相信，领先的品牌商很快会接受以 DAO 模式主导下一阶段的创新。就像是 2000 年初的电子商务或者互联网域名一样，DAO 代表了一种范式转变，并将会在全世界范围内引发一场组织与社群在交流互动方面的变革。

　　Mural 期望提供了一套零代码平台，帮助使用者创建和发展增长计划，无缝激活社区成员，方便获取并留住客户。例如，作为 Bonnaroo 和 Outside Lands 等标志性音乐节的发起方，SUPERF3ST 需要利用他们的社区来加速发展。Mural 目前正在帮助 SUPERF3ST 通过有针对性的激励，对超级粉丝进行接触和转化。

　　Mural 目前仍处于公测（Private Beta）阶段，尝鲜者可以通过内测渠道率先体验。

9.2.3　提案决策：Snapshot、Sybil

（1）Snapshot。

　　Snapshot 是一个去中心化的链下投票平台，允许 DAO、DeFi 协议或 NFT 社区轻松投票且无须 gas 费用（图 9-7）。用户可以很容易地在平台创建提案并就其进行表决，同时该工具允许对投票过程进行高度自定义，以满足用户和组织的不同需求。自定义包括用户投票权的计算、投票机制的选择、提案和投票验证等不同方面。

图 9-7　Snapshot 主页

简而言之，Snapshot 是一个链下无手续费的投票客户端，由于其对于 IPFS 的去中心化存储网络的巧妙使用，使得结果易于在链上验证。目前几乎所有知名 DAO 均在 Snapshot 平台注册空间，并借助该产品实现以下主要功能：

- 免费创建空间、提案并参与组织治理，并且组织可以自定义空间，空间可以使用自己的品牌、配色方案和域名。
- 投票通过签名消息进行，可轻松在线验证，也可以利用 Gitcoin 通行证、POAP 或其他解决方案来验证谁可以创建提案或投票。
- 设置多重投票系统如单一选择、批准投票、二次投票等，也可配置灵活的投票策略，如通过单一或组合策略自定义投票权的计算方式，支持使用 ERC20、NFT、其他合约等进行投票。

（2）Sybil。

Sybil 是一种用于发现受托人的治理工具，其将链上地址与使用者的数字身份对应起来，并维护一个委托人列表，避免了繁杂的用户注册、链上交易和手动记录保存的过程。

Sybil 希望可以通过对 Uniswap 的使用，鼓励现有和未来的 Uniswap 委托人验证他们的身份，让委托人更容易挖掘他们的社区代表并与他们互动。

Sybil 的验证流程分为三个步骤：

（1）用户登录 Twitter 并连接 Web3.0 钱包。

（2）用户使用他们的私钥签署一条推文。

（3）用户用他们的 Twitter 账户发送此推文。

在后台，Sybil 会验证推文内容是否与签名消息相匹配。一旦用户通过了验证，他们发出的推文就会与他们的以太坊地址挂勾，并将出现在 Sybil 界面中与他们相关的投票计数旁边。Sybil 用户可以继续审查可用的委托人，并直接通过操作界面进行委托或对治理提案进行投票。

　　在刚刚上线时，Sybil 便支持了 Uniswap 和 Compound 的委托人列表。另外，它的映射工具也可用于在其他项目中显示公共身份。由于公共身份可以跨平台工作，因此用户每个身份只需要通过一次 Sybil 验证。未来 Sybil 也将推出 GitHub 的身份验证集成。Sybil 的用例也不仅限于授权，还可用在从地址到社会身份的映射，包括可用于交易和游戏排行榜，以及基于以太坊的消息传递等功能。

9.2.4　社区交流：Discord、Metaforo

　　（1）Discord 线上社区。

　　Discord 是一项语音、视频和文本通信服务应用，截至 2023 年初，拥有 1.5 亿月度活跃用户、1900 万每周活跃的服务器与每天 40 亿分钟交流时间。成立之初，该产品是为了解决一个问题：如何在网上玩游戏时与世界各地的朋友沟通。和其他社交软件相比，Discord 没有算法推送，因此用户能更自主地在该软件上建立服务器。

　　Discord 关键能力是人们可以独立创设自己的服务器即"空间"，使人们能够轻松地加入感兴趣的服务器，并支持文字、语音和视频多种交流方式。自推出以来，从当地的徒步旅行俱乐部，到艺术社区，再到学习小组，数以百万计的人为他们的朋友和社区创建交流场所。

　　随着 Web3.0 浪潮袭来，NFT、DeFi 项目方搭建自己的 Discord 社区并与社区用户互动成为一种标准化动作，DAO 也无例外地加入了 Discord 阵营，Discord 成为 Web3.0 项目方社区管理的最重要工具。如今，更多的插件机器人也支持和集成在 Discord 平台，项目管理者可以轻松地通过插件机器人进行社区用户行为、链上资产的认证，并赋予其不同的身份和标签。

　　（2）Metaforo 论坛。

　　Metaforo 是一个 Web3.0 原生的论坛应用，具有 Web2.0 时代论坛应用的全部功能，在其上添加了 Web3.0 的特性。

　　DAO 组织在使用 Metaforo 时，需要为所有与通证交互相关的特性设置一条基础公链，目前只支持以太坊和 Solana。Metaforo 也支持 DAO 组织添加自己的通证和 NFT 系列的地址，并启用基于身份认证的 Token Gating[①] 功能来限制某些群组的访问。在治理方面，Metaforo 也集成了基于 Snapshot 的投票工具，方便 DAO 组织进行投票和决策。

　　Metaforo 提供了治理功能，提案发起人可以根据组织成员的身份设置参与权限，三种权限分别为全部成员、通证持有者和 NFT 持有者。

　　设置好投票参与者权限后，提案发起人便可以描述提案内容了。例如，提案发起人发起了一个名为"是否使用 Metaforo 作为社群治理的工具？"的提案，并设置了"是"和"否"两个选项，投票者只能在两个选项中二选一，投票结束日期为 2023 年 1 月 20 日。

　　当 DAO 成员参与投票时，Metaforo 界面可以实时显示投票的结果，并在提案到期时向社群展示结果。

　　除了治理专区，Metaforo 还提供了讨论专区和问答专区，为 DAO 组织的日常在线讨论和解答提供了便利。读者也可以登录 Metaforo 社区以加入感兴趣的 DAO 组织，亲自体验各个入驻社群的治理文化，如图 9-8 所示。

图 9-8　入驻 Metaforo 的知名 DAO

---

① 一种对于独家内容的获取的控制，使用者必须拥有特定通证才可以获取相关内容。

9.3　贡献与声誉管理：落实任务与声誉体系

贡献与声誉管理的治理工具可以落实任务与声誉体系。

9.3.1　个人简历：CyberConnect

CyberConnect 希望构建一个社交图谱协议，来取代 Facebook 这样的中心化机构，实现数据在计算机、应用程序之间共享，最终达到用户在任意 Web3.0 平台之间迁移自己社交数据的目标。作为 Web3.0社交赛道的明星公司，它于 2022 年完成了总额为 1500 万美元的 A轮融资，由 Animoca Brands 和 Sky9 Capital 共同领投。截至 2022 年底，CyberConnect 拥有超过 70 个项目的生态系统，包括社交媒体应用、DID、通信协议和社区管理应用；同时拥有 CyberConnect 身份注册（图 9-9）的用户总数为 149 万，API 调用次数为 2222 万。

图 9-9　CyberConnect 个人资料页申请页面

使用 CyberConnect 技术支持的应用程序将提供如下主要产品能力：

- 用户使用加密钱包接入 Web3.0 社交平台后，其社交关系将完全展现。用户可关注其他地址或搜索想要关注的人的钱包地址，点击钱包地址即可进入他人的主页，查看他的 NFT、Mirror 文章等 Web3.0 式的内容。

- 基于 CyberConnect 的索引功能，平台将为用户推荐可以关注的账号地址，一旦用户关注新的账号，该信息将在 CyberConnect 网络中更新并成为"可迁移和具有（用户）自我主权"的数据。
- CyberConnect 成为不同应用程序的公共数据库，为 Web3.0 社交应用程序的开发者提供一站式的数据解决方案，从而实现应用程序之间更大的互操作性。

2022 年 7 月 19 日，CyberConnect 宣布推出原生的社交应用 Link3——一个 Web3.0 社交网络里的身份聚合器。Link3 将通过个人资料页（Profile）汇集用户链上和链下数据，个人资料页可作为用户在 Web3.0 世界的整体身份，与他人和组织形成可信赖的网络联系。

9.3.2 任务系统：Dework、Charmverse

（1）Dework。

Dework 是一个 Web3.0 原生的协同办公工具，创始团队的目标是成为"Web3.0 领域的 Trello + LinkedIn"，追求实现项目协作、任务众包、链上简历等能力，让 DAO 和贡献者在平台上高效匹配并完成合作。Dework 试图把 Web2.0 时代，好用的软件以 Web3.0 的形式重现，用 Web2.0 成熟的软件结合 Web3.0 所需要的功能，变成易用的好工具。其创新点在于，把对内的任务协同和对外的灵活用工合并，降低了贡献者参与 DAO 的门槛，帮助 DAO 链接全球优质生产力，同时实现组织内外的多人协作。2021 年，该创业项目获得 500 万美元种子轮融资，由 Paradigm 和 Pace Capital 联合领投。Dework 产品在 2022 年 2 月正式上线，迅速被数百家全球知名 DAO 使用。

在产品功能层面（图 9-10），用户可以在 Dework 建立个人或群体组织，并发布任务；用户也可以浏览、报名其他人发布的任务，完成后获取奖金。Dework 与 Github、Notion 及 Discord 等 Web3.0 常用平台兼容，用户可以浏览任务概况后后直接跳去第三方平台获得更多信息。DAO 可以在平台上完成"任务发布－选人－验收成果－支付酬金"链条，贡献者可完成"找活－接活－交活－拿钱"链条，最后直接在平台上完成链上支付。目前 Dework 平台仅支持加密资产支付，开放了 18 条公链，包括部分测试链，可用 Metamask、Gnosis Safe、Phathom、Hiro 钱包接收酬金，无须操心汇率、银行卡和缴税问题。

图 9-10　Dework Bounties 平台

（2）Charmverse。

Charmverse 是一个 Web3.0 原生的会员管理系统，集成了通证流转和 DAO 治理的功能。Charmverse 允许使用者通过数字钱包、ENS、Discord 和 Google 账号登录，根据使用者持有的 NFT 和通证赋予其不同的身份，并为不同身份的成员赋予不同的使用权限。

使用者可以在 Charmverse 里创建提案，并且设置提案的提醒状态。人们亦可在 Charmverse 中进行投票，也可以把提案发送至 Snapshot 中进行投票。当使用者发起提案时，只需点击管理界面中的 Proposals 选项，便可以进入提案界面。一个完整的提案需要填写包括提案名称、提案类型、提案内容、投票选项、评议人员及结束时间等方面的内容。从发起提案到结束，一般会经历私密文本、公开文本、讨论环节、审查、校对、投票和中止等七个环节。Charmverse 的使用较为方便，将以上诸多步骤都集成在了一个 Proposals 模块里，整个流程体验较为流畅。

赏金计划也是 Charmverse 提供的一个主要功能。当使用者发起一个赏金计划时，只需点击 Bounties 选项里的 Create Bounty，便可以创建一个提供赏金的项目。通过填写下拉菜单中的内容，使用者可以规定某一个项目的奖励金额。

值得一提的是，Charmverse 的管理界面在风格和使用上与 Notion 比较接近，对 Notion 比较熟悉的人比较容易上手。与 Notion 不同的是，Charmverse 为使用者预设好了 DAO 组织常用的工作模块，如团队任务、日程表、NFT 展厅以及开发团队等。

9.3.3 贡献系统：Karma、SourceCred

（1）Karma。

Karma 是一个针对 DAO 成员的声誉管理工具。人们根据贡献者对 DAO 的贡献数量和质量进行综合评分，使贡献者们获得 Karma 积分。该系统也提供了一个排名功能，使得 DAO 中的最核心的贡献者可以获得最高的 Karma 积分。

因此，Karma 便帮助 DAO 贡献者记录下过往活动并进行公开展示，帮助 DAO 发现并激励未来的核心贡献者。而对于这些贡献者来说，Karma 也在帮助他们传播其对 DAO 社区所做的贡献和影响力。Karma 与 DAO 客户合作确定各项业务指标的权重，从各种 DAO 工具中汇总相应业务的积分后，创建自定义的 DAO 积分体系并将积分授予相应的贡献者们。

在一些行业真实场景中，通证持有者通常将通证委托给第三方机构或知名个人进行管理。很多时候这些代表在 DAO 的治理中并不活跃，委托的选票也没有得到使用，于是，像 ENS 这样的项目便借助 Karma 声誉系统解决了上述困难，并帮助通证持有人在授权期间作出了相应的决定。

首先，Karma 确定需要衡量的各项指标。ENS 项目方使用 Snapshot 进行链下投票，并结合自定义的链上投票合约、Discord 以及 Discourse 论坛进行讨论。Karma 选择出代表们的关键行为并为它们赋予相应权重。例如，链下投票的权重为 3，论坛里发起提案的权重为 10。

接着，Karma 需要将这一声誉积分体系落地实施。Karma 从 ENS DAO 使用的所有工具里获取数据并为全部代表生成声誉积分。在 Karma 系统中的 Leaderboard（图 9-11）里可以看到代表们的声誉并方便地给予他们通证。

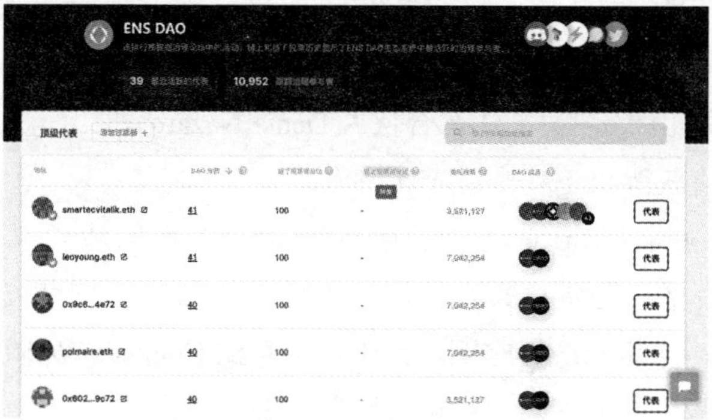

图 9-11　Leaderboard 界面

除了 Leaderboard，Karma 也为全部的 DAO 代表们（delegates）生成画像，这些画像就像是自动生成的简历，向外界展示着代表们使用全部工具作出的贡献。

目前，Karma 已经从近 20 家机构和天使投资人那里筹集了 120 万美元的资金，并持续为其他知名的 DAO 提供着帮助。

（2）SourceCred。

SourceCred 是一个帮助社区激励贡献者的工具，提供了一个可信而中立的框架。该框架根据成员贡献分配 Cred 积分，进而根据这些积分来分配 Grain 通证。Grain 是一种项目通证，可被铸造和分发给在该项目中拥有 Cred 的贡献者。Grain 与成员的信用挂钩，当该成员获得 Cred 时，也会同时获得 Grain，Grain 可在项目内外进行转移。

9.4 市场管理：赋能营销与增长体系

市场管理的治理工具可以赋能营销与增长体系。

9.4.1 内容管理：Mirror、Notion

（1）Mirror。

Mirror 是一个去中心化的内容发布平台，它的目标是为作者们提供一个放心发表作品和获得收益的途径，同时让作者完全保有数字版权。2020 年由投资公司 a16z 合伙人 Denis Nazarov 推出，2021 年以 1 亿美元估值获得 880 万美元 A 轮融资。

简单地讲，Mirror 是基于钱包地址的内容创造工具。其使用 Arweave 数据存储协议来存储用户内容，使用 ENS 域名向作者提供域所有权。打开 Mirror 官网，点击右上角的 Connect Wallet 按钮，连接以太坊钱包完成签名，即可看到创作者的界面（图 9-12）。另一方面，Mirror 不仅仅是一个去中心化的内容创作平台，它更是一个玩法众多、极具社交属性的社区协作平台，当前版本为创作者提供了 6 个

图 9-12　Mirror 平台创作者页面示例

基础能力工具，包括发布文章、众筹、数字藏品、拍卖、合作贡献分流、社区投票。其中，比较重要的能力有以下几点：

- **发布文章**：Mirror 的在线编辑器采用"纯文本+Markdown"的格式，其中 Import Entry 功能支持输入 URL 进行数据内容解析。文章发布后，读者可以用钱包订阅任何 Mirror 出版物，并在发布新内容时收到电子邮件通知。Mirror 发布的特色在于，每一篇发布的文章都可以被铸造成 NFT，这意味着创作者可以将代表一篇文章的稀缺 NFT 作为独特的收藏品或艺术品出售。

- **作品众筹**：Mirror 提供了这样一个世界，创作者们可以发起众筹，表明自己有意撰写高质量作品。众筹发起后，作品将被铸造成 NFT，粉丝或者看好项目的投资者可以转入 ETH 支持并获得项目通证。项目通证是创作者为项目定义的独特的 ERC20 通证，相当于作品的部分所有权（股权），同时具备社区治理的投票功能。项目通证可以在 Uniswap 等加密交易所进行交易。

- **贡献分流**：创作者可以创建一个分流，添加其他以太坊地址作为贡献者（类似论文中的共同作者），只要事先制定好分配规则，事后的收益可以由智能合约来自动执行。

（2）Notion。

Notion 是成立于 2012 年的协作平台，在 2021 年 10 月完成了新一轮 2.5 亿美元 C 轮融资，由蔻图资本及红杉资本领投，Base10 Partners 等机构跟投，投后估值 103 亿美元。严格意义上讲，Notion 是一款纯粹的 Web2.0 办公软件，不涉及区块链的技术内核，但收益于其强大的自由编辑、数据库及共享办公能力，成为 DAO 协同办公、沉淀内容的不二之选。

Notion 创始团队认为，尽管 20 世纪 90 年代已经出现了微软 Office 这样的大而全的产品，但人们所有的知识和工作流程被困在不同的 Word、Excel、PowerPoint 中，即使后来出现了 Google Docs、Dropbox 或是一系列 SaaS 产品，人们的工作也无法逃离在各个平台中来回切换的情况，Notion 希望能够挑战这种现状。Notion 以模块（Block）为基本单位，围绕笔记文档、知识库、任务、轻量的数据库等方面来组织内容。在 Notion 页面这张白纸上，包括文字、表格、视频、音频、网页、数据库等内容，各种类型内容都可以看作"模块"。操作也非常简单，用户可以从左边的工具栏中拖进来模块，或是采取"/"调用模块，随意将内容组织，并支持 Markdown 语法。Notion 拥有数十个可调用的内容类型，并且能够保持顺畅稳定地调用外部内容——比如视频、文档、其他软件中的内容等，并且做到实时同步。

9.4.2 活动管理：Kickback

Kickback 是一个基于以太坊的活动管理工具，帮助活动发起方提高活动预约者的现场参与率。当活动发起方在 Kickback 中发起一场活动时，预约活动的人们必须预先投入少量的 ETH，这些 ETH 将会在本人于活动现场签到以后退还。任何未出现的预约者都会失去先前质押的 ETH，这些 ETH 最终将会在与会者群体中分配。

在活动结束后，参会者会收到一封邮件，方便其提取之前质押的 ETH 和分得未参会者的质押资金。值得一提的是，如果参会者未能在规定时间内提取这笔资金，该资金将被划转给活动主办方。

9.4.3 营销增长：Layer3、Otterspace

（1）Layer3。

Layer3 是一个帮助用户了解和探索 Web3.0 项目的平台。当前，Layer3 主要提供了 Quests 功能，即为用户提供一系列的线上和线下操作指引，让用户更好地体验 Web3.0 项目。用户完成了一些操作后，

Layer3 会对这些 Quests 操作进行验证并给予相应的经验值积分 XP、成就徽章和纪念性 NFT 奖励。

使用 Layer3 之前需要用户在数字钱包中存有一定的 ETH。用户在 Layer3 社区中可以选择不同的生态项目进行体验，我们以 Arbitrum 提供的 Quests 为例，通过流程体验获得积分。

Arbitrum 自身作为以太坊 L2 的 Rollups 技术方案，使用 Layer3 编制了一套简单的体验流程，帮助用户更好地理解 Rollups 的概念并进行实际的操作。在整个体验流程中，用户需要回答一些关于 Rollups 技术方面的问题，并实际在 Optimism 和 Arbitrum 上进行转账操作，最后获得 300 经验值的奖励。

当前，在 Layer3 的社区中有至少 44 家 Web3.0 机构进行了入驻，并提供了 Quests 激励。在用户按照这些 Quests 操作并获得经验值奖励时，用户也同时使用并体验了这些产品，使得机构和用户获得了双赢。

（2）Otterspace。

Otterspace 是一个 DAO 治理工具，通过不可转让徽章协议（Non-Transferable Badge Protocol）可以帮助 DAO 更好地创建激励系统、自动化权限管理系统并实现非金融化的治理。

Otterspace 允许去中心化实体通过 NFT 徽章奖励社区成员和分配成员角色，这些徽章需要通过特定的行为获得，并赋予持有者诸如增加对治理提案的影响力、访问 Telegram 和 Discord 空间、某种形式的薪水等权利。

Otterspace 的具体功能如下：

- 为 DAO 或子 DAO 创建不可转让徽章。
- 设置徽章有效期，在有效期后，成员徽章将过期。
- 将成员添加到白名单，以便他们在授权的情况下铸造徽章，Otterspace 徽章不能在未经同意的情况下空投。

- 社区可以撤销或停用徽章，当成员任期结束时或者被发现滥用其角色时，他们将无法再使用 Snapshot 进行投票或访问社区资源。
- 使用徽章在 Snapshot 中进行治理，也可以与 ERC20 或其他通证一起使用。
- 使用 guild 标记 Discord 和 telegram 频道，让徽章成为 DAO 社区成员的认证标准。

2022 年底，Otterspace 获得了由 CherryVentures 和 Inflection 共同领投的 370 万美元的种子轮融资，Bessemer Venture Partners、Coinbase Ventures、Btov Partners 和 Paua Ventures 跟投。当前，该产品处于 Beta 版本测试阶段，用户可以通过扫描右侧二维码申请内测资格。

9.5 捐赠管理：帮助组织获取资金资助

捐赠管理的治理工具可以帮助组织获取资金资助。

9.5.1 捐赠平台：Gitcoin

Gitcoin 作为基于以太坊网络构建的去中心化协作平台，主要由悬赏（Bounties）、黑客马拉松（Hackathon）、众筹捐款（Grant）等产品模块构成。悬赏、黑客马拉松、众筹捐款为优秀项目和优秀开发者提供资金支持。对于 DAO 来说，最重要的能力即参与其众筹捐款（Grant），如图 9-13 所示，或以自身产品参与其黑客马拉松。

Gitcoin 作为捐赠平台为优质项目提供捐赠渠道，助推 Web3.0 生态建设。以太坊生态基础服务团队都是通过捐赠平台获取早期启动资金，包括 Uniswap 初期也受益于此项目。社区捐赠基金的资金主要由以太坊基金会提供，同时也有其他项目方、投资基金、个人捐献给捐赠基金，例如 Chainlink、Uniswap Labs 等。此外，Gitcoin 建立反欺诈协作工作组（GitcoinDAO），为项目资助提供公开透明的环境，保障 Web3.0 健康发展。自 2017 年开始至 2022 年 3 月，Gitcoin 总计开展了 13 次捐赠活动，每届捐赠活动参与人数、匹配资金都在持续增长。DAO 的建设者可以采取以下产品工作流申请一次完整的 Gitcoin 捐赠：

图 9-13　Gitcoin Grants 官网

第一步，创建环节。进入 Gitcoin 首页，创建捐赠。

第二步，登录环节。使用 GitHub 账户登录。

第三步，填报环节。准备本轮申请的项目、项目名字（必填），项目介绍（必填），项目网址（必填）、团队成员、项目 Twitter（必填）、申请人 Twitter、项目 GitHub 地址、项目所在的地区。

第四步，审核环节。填写完所有信息后进入审批队列，通常需要 1～2 天的时间，审查人员会查看申请以及判断项目是否符合社区的当前政策和规范。

第五步，申诉环节。审核政策由 GitcoinDAO 制定和执行，并由 GitcoinDAO 管理员批准。如果申请被拒绝，则表明项目违反了相关政策，申请人需要提供反驳证据并进行申诉。

9.5.2 订阅管理：Unlock

Unlock 是一个以 NFT 形式创建会员身份和构建订阅服务的开源协议，使用者可以通过它创建和管理会员合约、空投或售卖会员身份 NFT、创建基于通证的入场券或门票，而且无须编写任何代码。Unlock 是一个协议，而不是一个平台。该协议由社区拥有和管理，使用者可以免费使用，并进行无限制的修改。

使用 Unlock 创建会员协议的过程如下：

第一步，定义会员条款。使用者可以基于无代码服务设置会员体系的各项参数，并将原创的艺术作品添加为会员身份 NFT。

第二步，发布会员体系。使用者可以在所选择的平台上创作内容，并设置会员专享内容。

第三步，认证会员购买 NFT 密钥。购买 NFT 密钥的会员可以获得独家体验，并获得对独特内容的访问权限。

Unlock 项目方也维护了一套开发工具，方便使用者与 Unlock 协议交互，同时也提供了 WordPress 和 Webflow 的插件。

9.6 一键建 DAO 方案

9.6.1 开源一站式部署：Aragon

Aragon 项目是一个由通证控制的数字管理组织与底层基础设施，用户可以一键式创建自己的 DAO 社区，其也是 DAO 基础设施赛道上用户数量最多、正常运营时间最长的龙头项目。截至 2022 年，该项目有 1700 个 DAO 平台，共管理着 9 亿美元。

Aragon 提供了一个静态模板来制作自己的 DAO（图 9-14），但它也允许用户创建一个定制的 DAO。定制是通过智能合约集启用的，它可以通过投票从 DAO 中安装或删除。此外，Aragon 还提供了一个

SDK 来创建和部署智能合同、应用程序和组织模板。Aragon 还有着开源、低手续费、匿名和安全的重要优势。在产品官网，为大家展示了五个关键能力：

图 9-14　Aragon 官网

- **生成**：通过客户端生成 DAO 社区并激励贡献者加入社区一起工作。
- **治理执行**：可扩展的高速治理，可阻止不良行为者。
- **提案投票**：以分散、经济高效和安全的方式创建和管理提案，得出投票的最终解决方案。
- **主观争议解决**：通过去中心化的争议解决协议，可以处理仅靠智能合约无法解决的主观争议。
- **数字化管理、投票**：投票协议设计使其成为第一个完全透明但匿名的投票系统，从此告别集中式闭源投票系统的黑匣子。

9.6.2　基于 Moloch 框架 DAO 协议：DAOHaus

DAOHaus 是一个 DAO 协议，用于连接现有的 DAO 并基于 Moloch 框架创建新的 DAO（图 9-15）。其诞生于以太坊"ETH Berlin 2019"黑客马拉松项目 Moloch。任何人都可以在 DAOHaus 上创建 DAO，当某位用户在 DAOHaus 上创建了一个 DAO 时，其他用户可以通过捐赠的形式，认购不可转让的 DAO 股份，捐赠款项会存入该 DAO 的银行中。当 DAO 通过提案使用资金时，捐赠者将按贡献比例获得 HAUS 空投，HAUS 相当于 DAO 股权凭证。用户想退出时，可以按比例取回银行内剩余资金。

图 9-15　DAOHaus 创建 DAO 产品流程

想要了解 DAOHaus 的价值，最简单直接的方式是在上面加入或者建立一个属于你自己的 DAO。

- 加入一个DAO：打开 DAOHaus 平台并连接钱包，在网站最右边显示的是一些代表性的 DAO，也可以点击"EXPLORE"按钮查看更多的 DAO，跳转后的页面会显示这些 DAO 的基本信息，比如所在网络、DAO 的类型、资金和成员人数等。点击左侧列表中的"Proposals"按钮，跳转新页面后点击"New Proposal"按钮，选择 Membership 类提案并点击"Submit"按钮提交。按照不同 DAO 的参数设置，你需要等待不同的投票期和公示期才能正式成为这个 DAO 的成员。
- 创建一个DAO：在 DAOHaus 平台首页，点击左侧的

"Summon a DAO"按钮，选择你需要创建的 DAO 的类型并
开始设置即可。目前平台支持的 DAO 类型包括：Guild（公
会）、Club（俱乐部）、Venture（风投基金）、Grant（资助）和
Product（产品），每个类型的参数和适应场景不同。

9.6.3　可扩展性建设平台：DAOstack

DAOstack 是一个旨在解决治理可扩展性问题的平台（图 9-16），
可以作为启动 DAO 的模块化开源工具套件。其产品允许用户构建
具有首选参数和自定义设置的 DAO，并提供了一个治理协议库和
一个工具来将组织链接到彼此以促进协作。在官网展示的产品分
层中，将主要产品分成了基建层（Infra）、架构层（Arc）、缓存层
（ArcGraph）、应用层（DApps）、DAO 层。

图 9-16　DAOstack 官网

其中最关键的是一个称为 Alchemy 的应用程序，这是一个用于参
与 DAO 治理的直观用户界面。使用 Alchemy DAO 生成器，你可以使
用所需的名称、符号、投票和决策方法部署智能合约。你可以调整投
票权系统，设置参数的最小值和最大值，设置奖励方法，添加成员的
钱包地址以及实现许多其他设置。参与者能够基于 Alchemy 对他们的
DAO 产生各种影响的提案进行创建和投票，从转移资金和投票权到
改变 DAO 本身的结构。Alchemy 还包括与投票设备并行运行的预测

市场功能，可帮助组织确定重要提案的优先级。

9.6.4 DAO 运行平台：Colony

Colony 可以为 DAO 创建运行平台，专注于 DAO 组织所有权、结构、权利和财务管理，特别是通过声誉管理等手段激励成员积极贡献。鉴于任何组织都是不同的，所以 Colony 采用了模块化设计，这意味着组织能够插入扩展程序，可以根据需要进行操作，为其组织提供他们所需的工具。

该平台通过按每个用户贡献的价值比例分配权限权益，激励用户竞争成为最有技能和生产力的人。该平台自动化了项目管理过程，汇集了成员在建议任务、做出决策、将任务分配给最佳候选人以及提供工作反馈方面的集体智慧。平台的每一个方面都采用了博弈机制和行为设计，以确保令人信服的体验，鼓励重复参与。Colony 目前在 xDai 上运行，支持以下主要功能：

- 配置社区加入门槛。
- 管理通证，并为不同的团队和项目执行预算管理。
- 支持多种付款方式。
- 根据组织的具体情况，分配成员权益及权限。
- 通过通证销售、捐赠或国库收入等方式为组织筹集资金。
- 提供多种决策机制以适应不同的用例，并在出现分歧时进行仲裁争议。
- 与在同一链上的其他合约进行任意交易。

9.7 如何选择合适的管理工具

如果说 DAO 的治理模型与经济系统设计是其运转的灵魂，合适的管理工具就是 DAO 运营的骨架。不同的 DAO 由于成熟度不同，不需贪图尽可能多地使用工具，选用符合自己经济系统和治理模型设计的工具，才能够让去中心化管理与效率兼顾。

我们研究发现，海外著名的 DAO 组织大多拥有资深的开发实力和健全的国库体系，因此采取"一键建 DAO 方案"的管理工具，如 Aragon、DAOHaus 等。这类管理工具通常有着惊人的融资金额和较为普适的基建能力，组织管理者最好能够通过他们给出的开发框架做出符合自身的个性化功能。但是对于初创期的 DAO 组织，这类工具可能过于笨重且自主开发成本过高，非常不适合应用。

另一方面，我们将 DAO 工具的能力划分为五个部分：通证及金库管理、成员管理、贡献与声誉管理、市场管理和捐赠管理。对于所有的 DAO 组织来说，成员和贡献者是健康运作的重中之重，所以成员管理工具在 DAO 的全周期运作中处于基础地位，如社区交流工具 Discord、提案决策工具 Snapshot，都是发起一个 DAO 必备的工具。随着 DAO 发展壮大，成员管理将更加细致，可以考虑采用入职管理、薪酬管理等工具。为了更好地增强 DAO 凝聚力，贡献与声誉管理显得更为重要，如应用 CyberConnect 制作个人简历、应用 Dework 进行任务管理、应用 Karma 进行贡献管理等。

DAO 在正式发行通证，公布自身经济模型后，其通证及金库管理变得尤其重要。这时可以引入金库管理工具、资金管理工具，帮助组织更好地运行。同时，组织扩张与营销和增长变得非常关键，所以市场管理工具变得更加重要，如内容管理工具、活动管理工具和营销增长工具等。

总而言之，DAO 的管理团队能够综合自己的发展阶段和经济模型设计，选取最适合的 DAO 工具，能够在探索去中心化世界的过程中，更高效便捷地管理组织。

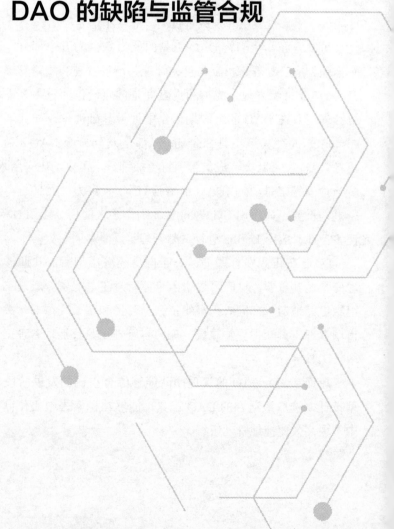

10

第 10 章
DAO 的缺陷与监管合规

DAO 从诞生伊始便因安全问题遭遇重创（The DAO 事件），在发展过程中亦面临诸多问题，因而屡屡受到针对其可行性和优越性的质疑。合理的监管是解决这些问题的有效手段。

10.1　不完美的 DAO

10.1.1　DAO 的决策真的更合理吗

一个决策的合理性常常很难在做出决策后短期内得到验证。并且，即使 DAO 的决策欠缺合理性，我们也不能由此得出中心化的决策方式会得出更合理决策的结论。

不过，由于 DAO 是去中心化运作的，它的决策和运作不受任何中心机构的控制。在某些情况下，这种自治性可能导致 DAO 出现不合理或不负责任的决策，甚至会导致冲突和纠纷。更可怕的是，在现行的法律体系中，我们并不能找到解决这种冲突和纠纷的足够依据，这或许需要监管机构有更多作为，比如，谁来为 DAO 的违法行为承担责任？此外，DAO 还存在这些问题：

（1）资本暴力问题。

以最简单的投票这一步骤为例，应该以自然人为单位进行投票，还是以持有通证数量为单位进行投票，或是以合格去中心化链上地址为单位进行投票？目前通行的投票方式多以持有通证的数量为基准，这意味着，大户拥有更多的决策权。这一问题很好解决，核心就在于如何定义投票权。以太坊的创始人 Vitalik 也曾在 2021 年提出使用非通证基准的治理形式优化 DAO 的治理。

（2）生命周期问题。

虽然各种各样的 DAO 层出不穷，但实际上大多数非协议类 DAO 都极其依赖某几个人的推动。如果创始团队不干活，可能 DAO 就没有任何产出或者进展极其缓慢。这导致的结果就是，在大量的 DAO 被创建的同时，也有大量的 DAO 在消亡。名为 DAO 的组织其实并不具有长期稳定发展的能力，而是完全将未来发展寄希望于其领导者身上。

（3）激励问题。

在第 1 章中我们已经提到过，长久、稳定、按时足量发放的激励是驱动成员持续作出贡献的保障。然而在实际运作中，很多情况下 DAO 组织的激励的发放并没有做到公平、透明、去中心化。特别是对于需要人工评定贡献并手动发放的激励，DAO 成员的剩余劳动价值被剥削的情况依然存在，与雇佣制度（公司制）如出一辙。

（4）效率问题。

当与公司制相比较时，DAO 的效率问题往往被诟病。首先，DAO 在具体业务方面往往执行力不足。这有多重原因，一方面，DAO 人员组织相对松散，采用分布式办公，线上沟通本身就容易比线下面对面沟通效率低下，加之时差的问题，DAO 内部的协调性难以保证；另一方面，DAO 并非雇佣制，DAO 成员获得激励的数量和时效如果不尽如人意则可能会致使成员干活动力不足。传统公司组织与 DAO 对比如表 10-1。

表 10-1

	传统组织	DAO
决策	中心化决策	共同决策
所有权	需要许可	无须许可
结构	等级化	扁平化 / 去中心化
信息流	私有且封闭	透明且公开
IP	闭源	开源

10.1.2　DAO 真的安全吗

技术方面的限制也不容忽视。由于 DAO 是基于区块链技术实现的,它的运作会受到区块链技术的限制,如区块链的性能、安全性和可扩展性等都会对 DAO 造成影响。例如,如果底层区块链的交易处理能力有限,它可能会对 DAO 的运作速度造成影响。再比如,由于区块链技术的特性,所有发生在区块链上的交易都是不可更改的,因此如果出现了错误的交易,将难以回滚。这种错误一方面可能来源于内部决策和操作的失误,另一方面也可能来源于外部的黑客攻击。区块链技术的安全性并不是绝对的,如果智能合约存在漏洞或者被恶意攻击,就可能导致 DAO 的决策和运作出现异常,造成严重的资金损失。在这一点上,DAO 的鼻祖 The DAO 早已在 DAO 诞生之初的2016 年便向人们敲响了警钟。不同区块链平台之间缺乏标准化和互操作性,使得 DAO 难以实现跨链协作和全球运营。

此外,监管难题一直伴随 DAO 的发展而被不断提及。DAO 去中心化、去信任化的特点导致其很难被现有的规则监管,从而可能会被用于非法活动,如洗钱、资产隐瞒等。因此,监管机构面临着如何保护消费者利益和防止非法活动的问题,需要探索新的监管方式,以应对潜在的风险。

10.2　DAO 相关监管政策

DAO 是一种新颖的组织形式,它的法律地位和监管政策尚未统一,在某些地区甚至还不被承认,这也使一些 DAO 不得不做出两难选择:要么在现实世界依照区域法律规定设立中心化的公司实体,要么采用擦边策略采用无实体模式钻法律空子,亦使一些从业者产生DAO 游离于法律之外的错觉,这主要是因为以下原因。

- DAO 的法律地位不明确。DAO 在大多数国家或地区都没有被承认为合法的法人实体，因此无法享受传统企业所具有的权利并承担相应义务，如申报、纳税、开设银行账户、签署合同等。这给 DAO 的运营和发展带来了很多不便和风险。

- DAO 的责任划分不清晰。DAO 由成员共同参与决策和管理，但是如果发生纠纷或损害第三方利益时，如何确定责任主体和责任承担方式仍然存在争议。例如，在 2022 年美国商品期货交易委员会（CFTC）诉 bZx DAO（后改名为 Ooki DAO）案中，就涉及了 DAO 成员是否需以个人资产对外承担无限连带责任的问题。

- DAO 的监管规则不统一。由于 DAO 涉及多个领域和多个司法管辖区，其可能需要遵守各种不同的监管规则，如证券法、反洗钱法、消费者保护法等。但是目前各国对于 DAO 的监管态度和标准并不一致，有些国家比较开放和友好，有些国家比较保守和严格。

- DAO 的合规成本较高。由于上述原因，DAO 要想在全球范围内合规运营，需要投入大量的时间、精力和资金来应对各种复杂的法律问题，并且可能需要聘请专业的律师或顾问来提供咨询服务。

DAO 的现状不仅给了 DAO 的实践者们压力，也同样给了监管部门压力。目前，关于 DAO 的监管政策尚未统一，各国对 DAO 的监管态度和政策也存在差异。下面简要介绍一些国家和地区的 DAO 相关监管政策。

10.2.1 美国的 DAO 监管政策

在 DAO 的合规性立法上，美国走得比较早也比较快。早在 2017 年，美国证监会就发布文件，关注 DAO 发行的通证定性问题。2017

年 7 月 25 日，美国证监会曾发布依据《1934 年证券交易法》第 21 条（a）款发布的 DAO 调查报告（Report of Investigation Pursuant to Section 21（a）of the Securities Exchange Act of 1934: The DAO）。其中，基于对 DAO 组织 Slock.it 公开发行通证的调查，明确指出 DAO 发行的通证属于美国《1933 年证券法》及《1934 年证券交易法》中的"证券"[1]。

2021 年，美国怀俄明州议会通过了《怀俄明州去中心化自治组织补充条例》，明确了 DAO 的法律地位，细化了 DAO 在设立、治理、成员权利和义务等方面适用的法律。2021 年 4 月 21 日，美国怀俄明州议会正式批准且由州长签署了怀俄明 DAO 法案（Wyoming Decentralized Autonomous Organization Supplement），该法案于 2021 年 7 月 1 日正式生效。对此，本杰明·卡多佐法学院的副教授，同时也是 FlamingoDAO 的联合创始人 Aaron Wright 曾提到："该法案使建立 DAO 变得更容易、更便宜，并使许多加密货币项目具有合法性。它使 DAO 能够根据某些条件成立有限责任公司（LLC）——在法律世界中，这是一个革命性的概念，每个组织都被视为由至少一个人管理。"American CryptoFed DAO 的首席执行官、怀俄明州夏安市市长玛丽安·奥尔（Marian Orr）说："怀俄明州是美国领先的数字资产司法管辖区，现在，有了关于 DAO 的法律，怀俄明州可以说是世界上最大的区块链司法管辖区。"

随后，美国犹他州在 2021 年 12 月通过了《犹他州去中心化自治组织有限责任公司条例》，该条例明确了 DAO 作为有限责任公司（LLC）的条件、程序、权利、义务等方面内容，并建立了相应的税收制度。

2022 年 9 月 22 日，美国商品期货交易委员会（CFTC）在一个针对 Ooki DAO 的罚单中，将 DAO 认定为非法人组织，并起诉了 Ooki DAO。事件始于一个名为 bZx 的 DeFi 协议，CFTC 认为该协议

---

[1]　注释：《一本书读懂 Web3.0》p234-235

非法从事金融活动，未能遵守金融监管要求，因而对该协议的主体公司以及两位创始人提起诉讼。由于在 2021 年 8 月，bZx 的团队将协议的控制权转移给当时名为 bZx DAO 的 Ooki DAO，所以 Ooki DAO 也一起被 CFTC 起诉。由于 Ooki DAO 被认定为非法人组织，所以其成员可能需要承担相关法律责任[①]。

2023 年 3 月 1 日，美国犹他州立法机构通过了《去中心化自治组织修正案》，这标志着 DAO 作为一种组织形式在美国获得了独立的法律地位。该法案将于 2024 年 1 月 1 日生效，届时，人类历史上将会出现第一个完全合法的 DAO。

10.2.2　日本的 DAO 监管政策

日本数字厅（Digital Agency）在 2022 年 9 月成立了 Web3.0 研究小组（图 10-1），并在第一次会议上表示，其成立目的是讨论 DAO 的立法问题并找出改进点，以便快速响应 Web3.0 发展需求。2022 年 11 月 2 日，日本数字厅在第 5 届 Web3.0 研究小组会议上宣布建立自己的 DAO 组织。恰恰因为 DAO 的法律地位不明确，所以数字厅计划通过实际参与 DAO 来研究相关实际问题，包括是否赋予 DAO 法人资格、立法措施以及随之而来的挑战等。除了 DAO 之外，本次会议还关注加密资产、DeFi、NFT、Metaverse、DID 等 Web3.0 相关领域，研究了现行系统应如何适应以上领域的发展。

10.2.3　马绍尔群岛：首个认可 DAO 法律主体地位的国家

2022 年 2 月，马绍尔群岛成为第一个正式允许 DAO 在其国内注册成为法律主体的主权国家，承认 DAO 为非营利性实体，允许任何 DAO 注册为非营利性有限责任公司，但需要单独自然人对整个 DAO

---

① 巴比特，2022 年 11 月 11 日，《从 DAO 监管第一案，看美国 CFTC 对 DAO 的监管逻辑》

承担负责。

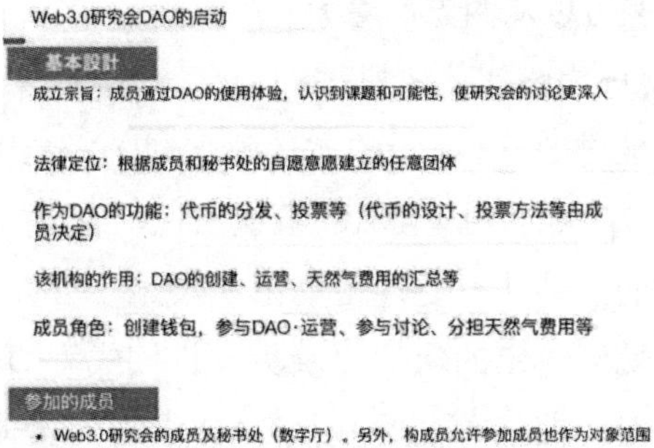

图 10-1　日本数字厅成立 Web3.0 研究小组

10.2.4　中国大陆的 DAO 监管政策

在中国现行法律里，DAO 不是法律意义上的民事主体。根据《中华人民共和国民法典》第二条规定："民法调整平等主体的自然人、法人和非法人组织之间的人身关系和财产关系。"这就是说，民法典认可的民事主体有三种：自然人、法人、非法人组织。首先，自然人指的是人，DAO 显然不属于自然人；《民法典》也规定"法人应当依法成立""非法人组织应当依照法律的规定登记"，而 DAO 没有法律法规规定的设立依据，因此 DAO 也不属于法人或非法人组织。这意味着，以 DAO 的名义进行的活动，其违法行为可能都需要由个人来承担。

10.2.5　合理的 DAO 监管是什么样

目前在全球范围内，DAO 的相关立法并不完善，这意味着可能会存在公司或者个人借"DAO 化"来逃避监管的情况，同时这也意味着 DAO 的成员可能会需要对 DAO 的违法行为承担无限连带责任。而如何判定自然人是否为 DAO 成员又存在争议，比如是只要参与过决策（投过票）的自然人都算成员，还是在 DAO 内获取过收益的自然人才算成员？即使制定了明确的成员判定标准，实际上把区块链上的匿名地址和自然人一一对应又存在诸多问题，执法成本亦可想而之。解决这一问题可以从两方面着手。

（1）推进 DAO 组织实体注册。

短期来看，推进 DAO 组织的实体注册对 DAO 组织、DAO 成员以及监管部门均有好处。对于 DAO 组织来说，有了合法实体的 DAO 可以开展更丰富的活动，以更规范的形象展示于公众。对于 DAO 成员来说，则可以受到一定的保护，避免了直接成为 DAO 组织违法行为的责任人。而对于监管部门来说，DAO 组织的实体注册方便了监管工作的推进，同时也成为监管部门更直接且便捷地了解 DAO 运行情况的渠道。

实体注册的类型则因 DAO 活动地点、业务需求以及人数等因素而异，除了 6.2.1 小节中提到的 LLC 之外，目前比较流行的方式还有在海外注册基金会。

（2）明确 DAO 的法律地位。

虽然推进 DAO 组织的实体注册可以在一定程度上解决当前 DAO 的合规性尴尬，但现有的合法组织形式并不能完全适用于 DAO 的业务需求和组织结构。长期来看，明确 DAO 的法律地位才是从根本上解决当前尴尬境地的第一步。

美国犹他州立法机构通过的《去中心化自治组织修正案》已经为 DAO 的立法提供了样例。该法案认为 DAO 可以作为法人开展任何合法事务，以 DAO 的全部资产为上限承担有限责任；DAO 成员个人不承担责任，但参与决策（投票）导致 DAO 实施违法行为的成员可能需要承担相关责任。

总之，监管公约的目的不是限制 DAO 的发展，而是为 DAO 的发展创造一个安全、规范和支持性的环境，既不折损 DAO 作为新型组织形式在提高生产效率和分配公平性上的作用，又控制其被恶意利用的可能性。

11

第 11 章
DAO 是生产关系的变革

读至此处，相信你已经了解了几乎所有的 DAO 常识知识，甚至也掌握了参与和建立 DAO 的方法。在本书的结尾，我们将从更高维度来讨论 DAO 出现的原因和历史作用。

本质上，DAO 是一种新的生产关系。

生产力的发展水平决定了生产关系形式。生产关系是指人们在生产过程中所建立的经济关系，它是人类社会发展过程中不断发展变化的社会关系。在人类历史的不同阶段，生产关系也有着不同的发展阶段，从低级到高级依次经历了原始公有制、奴隶制、封建制、资本主义和共产主义五种生产关系。这些不同类型的生产关系反映了不同时期人类对自然界和社会资源的控制能力，也影响了人类社会的方方面面。

11.1　人类社会生产关系发展史

（1）原始公有制。

原始社会是人类社会发展的最初阶段。这一时期，人类社会在极端低下的生产进程中诞生了以原始公有制为基础的生产关系。原始社会末期，随着气候变暖、农业和畜牧业的出现、金属器具和陶器等新技术的发明，人类对自然界有了更深入、更系统、更科学的认识和控制。这些因素推动了生产力水平大幅提高，并且导致了个体劳动代替共同劳动，并且出现了财富分配不均等现象。这些变化使得原始公有制不再适应新形势下的生产力要求，从而引发了私有制和阶级分化的出现，人类也进入了第一个阶级社会时期。

（2）奴隶制。

奴隶制社会的生产关系是奴隶主占有生产资料和劳动者（奴隶）的剥削制度。奴隶主可以任意支配奴隶的生命和劳动，奴隶没有任何权利和自由，只能无偿地为奴隶主提供劳动服务。这种生产关系在一定时期内促进了社会生产力的发展，使得社会出现了剩余产品，并且出现了一些先进的文化和科技成果。但是，随着时间的推移，奴隶制社会的生产关系也逐渐成为社会生产力发展的枷锁。由于奴隶主对奴隶进行残酷的压迫和剥削，使得奴隶失去了创造性和积极性，不愿意提高劳动技能和效率。同时，由于奴隶主阶级中出现了大土地所有者，使得广大自由民也陷入贫困和困境，无法参与社会生产活动。当生产关系不再适应生产力的发展需求时，生产力发展就陷入了停滞，这种矛盾最终促使了新兴阶级（农民、手工业者、商人等）对旧秩序进行反抗，并且推动了新型生产关系的诞生。

（3）封建制。

到了封建制社会时期，地主阶级占有了社会绝大部分的土地，而农民阶级没有或只有少量土地，不得不租种地主的土地，向地主交纳高额的地租；地主阶级通过各种方式，如征收实物、收取货币、劳役等，占有农民大部分劳动成果。在封建社会后期，由于封建统治阶级对农民加重了赋税、徭役、租佃等剥削压迫，农民失去了耕作土地和提高技术水平的动力，导致了农民阶级的贫困化和反抗；手工业和商业的繁荣促进了城市化和市场化，但自然经济不能满足日益增长的商品需求，也限制了手工业和商业的进一步发展；同时，科学技术和文化思想的进步不断冲击封建统治者的权威和正统。这些矛盾最终导致了封建制社会的瓦解和资本主义的出现。

（4）资本主义。

在第一次工业革命之前，人类社会的生产力较低，人工劳动是最重要的生产因素，简单协作和手工制造是主流的生产模式，相应地，家族经营或合伙经营是常见的生产关系类型。这种企业组织方式在当时有利于管理、权利分配等优点，但随着生产力水平的提高，它逐渐暴露出了专制、资本限制、规模限制等弊端。家族经营的企业逐步被新型的企业组织形式所取代。

19 世纪中后期，工业革命的发展促进了机器等现代化生产工具的广泛使用，股份有限公司这种新型的企业组织形式也随之出现。这种形式能够有效地筹集和吸收社会资金，满足生产力发展的需要，也是家族或合伙制企业无法适应外部环境变化的情况下的必然选择。

到了第一次世界大战结束后，西方资本主义国家的主要工业部门几乎都被股份有限公司所控制。美国当时拥有近 200 家市值超过 1 亿美元的大型股份公司，它们占据了国家财富的一半左右。股份有限公司虽然推动了经济增长，但也带来了垄断问题，阻碍了生产力的进一步发展。更多的利润意味着对劳动者利益的更多剥夺。

资本主义生产关系的本质是以生产资料私有制为基础的雇佣劳动制度，资本家以高度组织化的雇佣制度来剥削劳动的剩余价值。资本家占有生产资料，工人没有任何生产资料；工人不得不受雇于资本家，为资本家劳动，在生产过程中受资本家剥削；资本家占有大量剩余价值，而工人仅得维持生活的工资。一方面，为了追求最大化的利润，资本家不断地提高生产力，扩大规模，采用新技术，降低成本；另一方面，为了压低工人阶级的收入和地位，资本家不断地降低工人的工资，加紧对工人的控制和管理，剥夺工人的权利和自由。

这样就导致了两个方面的后果：一是产能过剩，有效需求不足；二是企业生产的有组织性与市场竞争的无序性之间发生冲突。这些后果引发的经济危机、社会动荡、阶级斗争等现象自第一次世界大战结束之后已然屡见不鲜。在资本不断扩张的过程中，长期受到资本压迫的工人们逐渐觉悟到这种不平等关系的危害，并联合起来成立工会，对资本进行反抗和制衡。

（5）共产主义。

共产主义的诞生可以追溯到 14 世纪资本主义开始萌芽到 18 世纪末期法国大革命前夕。这一时期，空想社会主义思想家如托马斯·莫尔、卡米拉·德斯莫林、威廉·戈德温等，对资本主义制度进行了批判，并提出了建立理想社会的设想。虽然早期的空想社会主义者没有揭示资本主义矛盾的根源和解决办法，也没有提出科学的共产主义理论和实践路线，但他们反映了人民群众对美好社会的向往，并对后来马克思主义的形成有一定影响。

到了 19 世纪初期至 20 世纪初期，马克思和恩格斯运用唯物史观和剩余价值理论揭示了资本主义制度下阶级斗争、危机、垄断和帝国主义等规律，并提出了无产阶级革命、建立无阶级专政、实现社会化大生产、过渡到共产主义等科学理论和策略。马克思和恩格斯揭示了资本主义制度内在的矛盾和必然灭亡的规律，并指出了无产阶级革命和建立无阶级社会——共产主义社会，是人类历史发展的必然趋势。他们还根据不同国家和时代的具体条件，提出了无产阶级政党、无产阶级专政、无产阶级国际等重要概念和原则，并对俄国、法国、德国等国家的工人运动进行了指导。科学社会主义不仅是一种理论体系，也是一种实践运动。

从 20 世纪初期到 20 世纪中后期，共产主义进入社会实验阶段。以苏联十月革命为开端，欧洲、亚洲、非洲等地区相继爆发了一系列社会革命运动，并建立了多个社会主义国家。这些国家在不同程度上尝试着改变原有的生产关系，并探索着向共产主义过渡的道路。

共产主义生产关系是指以公有制为基础，以人民群众为主体，以满足人民不断增长的物质和文化需要为目标，以科学技术为动力，以计划调节为手段，实现生产资料和产品的合理分配和有效利用的社会经济关系。在共产主义社会中，生产资料不再是少数人的私有财富，而是全体社会成员的公共财富。这样，就消除了剥削和压迫的根源，实现了人类历史上最广泛、最彻底、最完善的民主。劳动者在生产劳动中的地位平等，合作自由，不再受到任何形式的束缚和限制，而是根据自己的兴趣、爱好和才能选择职业和工作。劳动者之间不存在智力劳动和体力劳动、城市劳动和农村劳动、脑力工作和体力工作等对立，而是相互尊重、相互学习、相互帮助。劳动者通过自由合作，实现了人与人之间最高程度的团结和协调。

11.2　DAO 与共产主义

马克思和恩格斯在《德意志意识形态》中写到，在共产主义社会中，每个人都可以在任何领域有所成就，做任何他想做的工作；社会只规定了一般生产但不限制劳动者选择工作，劳动者可以今天干一个工作，明天换别的工作。马克思认为，共产主义者的劳动自由指的是自由发展全方位个人能力带来的新的生活方式。

读至此处，你是否觉得马克思描述的共产主义生产方式与 DAO 的运作模式似乎有些眼熟？

DAO 实现了生产资料的共有和劳动成果的公平分配——生产资料归属于所有劳动者，而不是公司或平台；而劳动成果通过通证机制进行分配，再通过去中心化金融实现自由兑换和流转。这种生产方式与共产主义的理念相似，即强调生产资料的公有制和劳动成果的平均分配。不过，DAO 的"公有"是通过区块链的公开、透明和开源的特征实现的。区块链提供了分布式的、不可篡改的数据记录和智能合约执行的基础设施；而 DAO 是由一组人通过智能合约在区块链上建立起来的自治组织，并且这个组织的运作和决策都是由智能合约来实现的。

（1）生产资料共享。

2022 年，a15a 在《一本书读懂 Web3.0：区块链、NFT、元宇宙和 DAO》中指出"Web3.0 的本质是生产资料共享"。

生产资料是指一切用于生产商品和服务的生产工具、设备、机器、原材料、土地等物质资料和劳动力的总和。传统经济中生产资料多以实体（比如石油、煤矿、土地等）为主，所以占有更多实体的组织往往可以获得先机。在互联网时代，生产资料的范畴也随着技术和经济的变革而发生了改变，越来越向无实体转化，比如用于存储和处理大量数据、提供各种服务和应用程序的计算机和服务器；支撑着互联网的稳定运行和发展的网络通信设备、网络协议、云计算和存储等基础设施；支持开发者进行软件开发和创新的编程语言、开发工具、操作系统、应用程序接口等开发平台；为企业和个人提供了丰富的数据资料和分析工具的数据和信息资源：包括各种形式的数据和信息资源，为企业和个人提供了广阔的营销渠道和销售平台的社交媒体和电商平台等。

区块链使得这些无实体的生产资料可以被开源共享——数据和信息被分布式地存储和管理，任何人都可以通过共识算法来验证和更新数据，所有参与者都可以共同使用这些生产资料；智能合约可以实现程序化的自动化管理，它们可以定义和执行共享数据和资产的规则和逻辑，实现更加去中心化的生产资料共有和管理；同时，生产资料也可以被映射为通证，从而实现可交易性和更自由的流转。

从以上逻辑来说，区块链是 DAO 实现"公有"的基础，而 DAO 则是链上智能合约的在以自然人为单位的组织场景中的一种具象表现形式。

（2）人人参与的分配。

通证机制不仅将生产资料和价值直接映射为数字资产并写入智能合约，也将分配机制一并写入智能合约，使得生产资料的价值转化和分配更加公平透明。

以前，由于缺乏量化标准和映射工具，生产资料在转变为商品后很难公平地分配，这使得寡头占据更多的生产资料以获得有利的分配机会。在传统公司制中，劳动者通常只能获得固定的工资，而他们创造的剩余价值则被公司所有。虽然一些公司可能提供福利和奖励，但这些福利和奖励通常不能反映出劳动者创造的全部价值。区块链技术、通证和智能合约的出现使得生产资料的分配和管理在底层得到了整合，从而为实现更公平、更高效的分配提供了可能性。

DAO 的分配方式即是我们前文反复提到的"激励机制"。不同的 DAO 可能采用不同的激励机制，如根据投票权重、贡献度或其他因素来分配收益和治理权等。但如果 DAO 缺乏透明的激励机制，或激励机制不够公开，那么它就是"伪 DAO"。DAO 通常会发行自己的通证，发行通证的过程即是分配收益的过程。这些通证本身就是量化后的劳动价值体现，可以通过 DeFi 在区块链上进行自由兑换和流通。此外，通证也可以用于投票和治理，通证持有者可以通过参与 DAO 的治理和决策，对分配规则进行修改。

总之，DAO 通过区块链让所有参与者都可以公平分享共同的收益和成果，这在某种程度上与共产主义理念有相通之处。但是，DAO 模式下的生产方式并不完全等同于共产主义的经济制度。在共产主义中，生产资料和劳动成果的公有制不仅是从经济角度出发的，还是政治和社会制度的基础之一。而在 DAO 中，虽然也存在类似的公有制和公平分配的思想，但它更多的是一种组织形式和技术手段，而非一种完整的经济制度，更未涉及政治和社会制度。作为一种新的基于区块链技术和密码学原理的组织模式，DAO 目前并没有涉及人类历史发展规律、社会结构变革、国家权力机器等问题，也没有提出如何从现存社会向理想社会过渡的具体方案。在目前阶段，DAO 只能被认为是一种新的组织形式和生产关系，或者说是实现新共产主义的一种可能途径。

通过对 DAO 的研究，我们发现 DAO 作为一种新的组织方式可以实现生产关系与生产力之间的协调，在提高全社会生产效率的同时，增加低收入人群的收入；同时也强化了集体目标和共享理念，在促进个人全面发展的同时增进社会和谐。DAO 自诞生至 2023 年仅仅 6 年有余，未来的发展如何，时间自有论断。

11.3　DAO 与 AIGC：新的生产关系如何适应激增的生产力

传统的公司架构建立在如下的假设之上：

第一，长时间的教育和实习经历是专才的必由之路；

第二，工作专精于某一领域将会最大化一个人的生产效率。

自 2023 年以来，迅猛发展的生成式 AI 将会挑战以上两个基本假设，从而促使新的生产关系形成。届时，DAO 将会是一个合适的组织结构。

11.3.1　工作技能壁垒的消失

我们看到 Midjourney V5 突破了此前所有图片生成 AI 的瓶颈，正确地画出了人类手部；我们也看到 GPT 4 可以看图说话，并较之于前一代模型有了惊人的数学和逻辑推理能力提升。

这些进展意味着生成式 AI 将以各种方式深刻地拓展个人能力的边界，从而拆除了因为缺乏专业技能而形成的各式各样的行业壁垒。

例如，在 2022 年以前，设计精美的宣传海报配图是高度专业化的工作，因此企业需要雇佣专业的画师来做这项工作，而个人普遍没有机会雇佣画师为自己制作宣传海报，所以必须自己学习相关技能。在生成式 AI 的加持下，个人用户不再需要掌握相关技能，也能产生专业宣发内容，从而帮助自己提高知名度和影响力。

在 AI 的加持下，目前很多专才的能力，比如编程、绘画、摄影等，将不再建立在从业者长时间的学习和积累之上，从而切换工作内容也将不再是制约生产力的因素——人们可以，也应该更轻松地根据自己的兴趣爱好和价值观，动态地调整工作内容。这让 DAO 比现行的公司制更适合 AIGC 普及后的社会生产。

11.3.2　企业规模缩小，劳动者收入降低

对于兴趣广泛但少有专精的劳动者来说，AIGC 的发展将是巨大的福音，因为他们可以借由 AIGC 工具实现"一个人也是一个队伍"；生产经营单位的规模也会相应缩小，因为在 AIGC 的加持下，完成全流程的生产所需要的人工减少了。

以前一个主营某款 App 的科技公司至少需要职能部门（人力、行政、法务和财务），技术部门（前端、后端、产品），市场部门（市场推广，运营和设计）等十个人左右的配置。但是有了 AIGC 工具之后，大量海报设计、UI 优化、文案撰写、代码编写等工作都可以被 AI 替代，而维持 App 正常运营迭代所需要的可能仅仅是三个熟练使用 AIGC 工具的员工。

在 AIGC 普及的 Web3.0 时代，企业规模会普遍缩小，这会造成两个结果：第一，对于企业来说，可能在固定员工配置之外，也需要一些流动劳动力；第二，对于个人来说，有一部分没有成为固定员工的劳动者会遭遇失业而无法获得收入，进而被剥离出经济循环[①]。在以上逻辑下，社会必要劳动时间降低后带来的是劳动者平均收入的降低。劳动者将不得不在主业（如果他还有的话）之外，寻求额外副业来增加收入。从这一角度来说，DAO 同样是一个解决方案。

---

① 详见 a15a 著《一本书读懂 AIGC：ChatGPT、AI 绘画、智能文明与生产力变革》一书 8.2 节，p224~225.

11.3.3　AIGC 让人类失业，DAO 让人类就业

AI 正以其强大的生产力给人带来一个又一个惊喜，但也带来对原有生产结构的冲击。AI 的发展将会颠覆很多脑力劳动者的竞争壁垒，在将来会造成他们的失业，甚至从根本上摧毁一些现有的行业。这些被 AI 夺去工作的人们势必需要寻求新的工作机会。然而各行各业，各大公司届时可能都在进行相同原因的裁员。简单来说，像公司这样的传统组织架构，因为供求关系、地理位置、薪资分配等原因而并不能充分吸收这一部分劳动力。

生成式 AI 在各行各业的普及将会使得商品极大的丰富，成本极大地降低，理论上商品会更让消费者消费得起。但有很多劳动者的工作已经被 AI 替代，无法获得收入，无法获得货币购买商品，那么则需要 DAO 的分配机制起到调节作用，让这些失业的劳动者可以通过其他贡献方式获得货币，从而留在经济循环之内。

生成式 AI 将极大降低相关行业的知识壁垒，允许每个人动态地调整工作的内容，而不需要考虑这样做对生产效率的负面影响，最终最大化人类的福祉。而传统企业架构往往擅长优化效率，而无法兼容上述要求。

DAO 以其去中心化、灵活的优点，可以吸引个人影响力领袖、合同零工、创作者参与到各类丰富的项目中，利用智能合约背书的信用体系发放激励或报酬，成为公司制度的补充，并有潜力在生成式 AI 时代引领新的组织形式变革，实现更多元的使命和愿景，例如支持社会公益、环境保护、文化传承等，从而实现更大的社会影响。

11.3.4　Web3.0+AI+DAO= 更公平的分配

AIGC 提升了人们的创作效率，无论在文本、数据、图像、模型、代码生成等领域。我们都看到了 AIGC 的极大潜力，在未来拉开人和

人差距的已经不仅仅是知识的学习与应用，还有对 AIGC 工具的熟练使用。我们可以预见 AIGC 的创作和内容生态将会迅速地崛起，但是 AIGC 依然面对着许多问题和挑战，比如 AIGC 使用全网公开的材料进行学习，如 ChatGPT 的答案很多来自公开收集，Midjourney 也是如此，所以我们经常可以在文本回答和图片生成中看到相似之处。这也对内容的原始生产者造成了挑战。虽然 AIGC 提高了生产力，给予了人们很多的帮助，帮助人们摆脱了许多重复性工作，但是 AIGC 的批量使用也必然会造成对原始内容创作者的打击，当我们把 DAO 和 AIGC 结合就可以良好地解决这个问题。

针对 AIGC 和 DAO 的关系，我们可以将成员简单地分成以下几种角色关系——原始内容的创作者、AIGC 的创作者、内容的运营者、内容消费者。而四者之间基于 AI 的 DAO 权益分配策略模型的关系如图 11-1 所示。

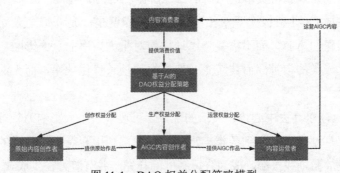

图 11-1　DAO 权益分配策略模型

原始内容的创作者提供了原始的训练产品，通过基于 AI 的 DAO 权益分配策略模型自动化地根据作品的引用和价值进行权益的自动化分配。这样可以更好地激励创作者们去创作更好的作品，创作者无须担心自己的作品被滥用但是自己无法获得收益。创作者的权益分配将会按照以下流程进行：原始内容创作者提供的原始作品被用于在 AIGC 平台如 Midjourney 上生成一个个的图片模型，但是这样的模型是带有属性特征的。比如用户想生成写实风格的图片，那么平台更多的是参考写实相关的作品。或者更加精确，用户想生成齐白石风格的画作，那么模型更多会参考齐白石之前的画。所以 DAO 的权益分配会根据 AIGC 内容创作者使用的提示词所参考的原始内容创模型，来进行分配比例的确定，这样对于原始内容的创作者会更加的公平，也会更好地激励创作者进行创作。

针对 AIGC 的创作者，他们通过 AI 工具创作的作品也具备一定的价值，他们通过良好的提示词来生成高质量作品来获得用户的认可。DAO 的权益分配也可以根据作品的引用次数和价值进行分配，这也会激励 AIGC 创作者，激励他们投身创作更好的作品。

针对内容的运营者，社区的运营者通过运营良好的社区，聚合高质量的内容来吸引人们，或者单纯地自己进行传播来提升作品的曝光量和消费，用户的点击查看和购买也有他们的贡献。通过 DAO 权益分配策略模型来判定他们传播的价值，这也会激励社区运营者也会更好地去进行社区运营和作品的推广。

内容的消费者，作为内容的直接消费方，他们通过消费来给定内容的价值。基于 AI 的 DAO 权益分配模型将他们的价值良好地分配给了原始内容创作者、AIGC 内容创作者和内容运营者。

而控制者几方关系的核心在于分配模型，传统的分配模型通过人为设定，可能存在考虑不周所导致不公平的现象，这会使得内容创作生态和社区不具备可持续性。但是若 AI 可以自动进行模型调节，通过生成模型测试判定最好的分配机制，这将会极大地提升社区的治理效率，让原始内容创作者、AIGC 创作者、运营者三方达到平衡，利益最大化，所以我们提出了基于 AI 的 DAO 权益分配模型。虽然在当前，这样的分配模型暂时无法实现，但是我们依然可以预见这种基于 DAO 的分配模型的巨大价值，尤其在 AIGC 内容大爆发的时代。为了方便大家理解，我们可以通过实际的案例对比来查看这两种模型的优劣势。

在传统的图书行业，图书出版需要经历编写（可能是多个作者共同编写）、校对、设计、出版几个阶段。在图书出版机构将书进行出版后，渠道方开始购买书籍，用户在电商平台上购买图书。可以想象用户直接给作者的钱需要经历多少个中间商渠道才能到作者手中，这是一个漫长的过程。但是如果通过 DAO 的形式，作者所写的内容直接进行上链，不仅可以被用户直接消费，还可以用于被 AIGC 平台训练，接着被 AIGC 内容制作者制作后被用户进行消费。用户进行消费后，直接以通证的形式支付作者、AIGC 内容制作者以及中间的内容运营者，这会极大地提升内容创作者、AIGC 内容创作者以及内容传播人员的工作热情。

鉴于目前内容的生产流程，目前 DAO 的分配模式都非常的固定，比如通过投票权来进行权益的分配，或者按着时间节点进行分配等，但是长期来看这些都不是良好的分配策略。笔者认为，未来的好的分配策略可能是基于 AI 的 DAO 权益分配策略，AI 生成很多的策略模型，通过模型测算出不同策略对原始内容创作者、AIGC 内容创作者、内容传播者的激励程度，并且找到三方利益最大化的分配策略。鉴于 AIGC 的内容存在极大的不确定性，DAO 的权益分配策略也是动态变化的，通过完全由 AI 控制的自主的分配策略，推动整个内容生态的发展。

从 Web1.0 到 Web3.0，内容创作经历了 PGC（Professional-Generated Content，专业生产内容），UGC（User-Generated Content，用户生成内容），AIUGC（基于人工智能辅助生成内容），AIGC。而在面对内容的大爆炸时代，DAO 就是一个良好的工具，控制着内容生成的治理和效率，让链条上的协作者都更加紧密，更有规则可循，这会助力 AIGC 更好地发展与迭代！AIGC 就是先进生产力、效率的代名词，而 DAO 代表着更加公平的权益分配策略，让 AIGC 的发展和 DAO 的发展相辅相成，点燃人类文明的未来！

第 12 章
AIGC 时代的超级个体与 DAO

当今在数字经济的蓬勃发展中，人们对于组织形式和治理模式的探索从未停歇。就在近期，DAO 在现实中的热度不断提升，在这个新兴的组织架构中，超级个体也成为了一个倍受关注的概念。

超级个体，指的是具有独特能力和价值的个体，可以是优秀的专家、创新者，也可以是具有治理能力的领袖。这些个体拥有独特的技能和知识，可以通过参与到组织的决策和运营中，为组织带来更高的价值和创新。DAO 基于区块链技术的组织形式，并且具有去中心化、自治性和透明度等特点，则刚好可以适用于超级个体的产生和参与治理的过程。

在人类正在步入的人工智能时代，那些拥有强大计算能力和数据处理能力的人工智能程序，更可以作为对人类超级个体的赋能。机器可以通过学习和自我优化不断提升解决问题的能力，而人类掌握了工具，可以成百倍地发挥出自己的效用，在各个领域中发挥出巨大的作用。AIGC 时代的超级个体与 DAO 的结合，将会给 DAO 带来更加丰富多彩的组织形式和治理模式。

根据以往来看，超级个体出现在人群中的比例并不高，但这些人却是 DAO 内必不可少的角色。在现在的人工智能时代中，通过对人工智能工具的使用，可以做到通过"人＋人工智能工具"，实现对个人节点的赋能，从而打造超级个体，为 DAO 做出更高的贡献。

12.1 AI 带来的生产力跃迁

12.1.1 ChatGPT 到 Metapedia：入口工具效率提升

2023 年将成为人工智能领域的重要一年。在年初，ChatGPT 的出现像一声惊雷，唤醒了曾经沉寂的人工智能领域，同时也为链上世界带来了无限的可能性。ChatGPT 作为一种大型语言模型，拥有着强大的自然语言理解和生成能力，可以回答各种问题，并提供各种解决方案和创意。这种技术的广泛应用，已经大大提高了人们在语言交互方面的效率，同时也为各个领域带来了新的机遇和挑战。

ChatGPT，是一个基于 GPT-3.5 模型的大型语言模型，由 OpenAI 团队开发和训练。它可以进行自然语言理解和生成，能够回答各种问题、提供建议和解决方案、产生创意和想法等，被设计用于各种任务，包括自然语言处理、机器翻译、文本摘要、聊天机器人等。

大模型成为目前最火爆的领域，国内的互联网和软件厂商也纷纷开发了属于自己的大模型，ChatGPT 可以说凭一己之力推动一个时代。该应用使用了深度学习和人工神经网络技术，能够学习和理解大量的文本数据，并生成自然语言的输出。可以进行不断地学习和进化，更好地提供智能化的语言交互服务。图 12-1 为 ChatGPT 的首页。

图 12-1　ChatGPT 首页

这个现象级别应用的出现和广泛使用，大大提高了人们在语言交互方面的效率。以聊天机器人为例，过去需要人工操作的客服工作，现在可以由 ChatGPT 完成，从而大大缩短了客户等待时间和服务响应时间，提升了客户满意度。在文本摘要和机器翻译领域，ChatGPT可以自动化地处理大量的文本数据，提高了信息处理和传递的效率，同时也减低了人力成本。在自然语言处理和语音识别领域，其应用可以大大提高语言交互的准确性和速度，同时也为人们提供了更加自然和便捷的交互方式。

AI 带来的生产力跃迁自文生文而开始，ChatGPT 和类似的大型语言模型的广泛应用，已经在很多领域中提高了效率和便利性，为数字经济的发展和创新带来了更加广阔的空间和机遇。

而在 Web3.0 领域里，智能社交协议 MetaChat 也在今年宣布推出了 Web3.0 一站式智能向导平台 Metapedia。该应用基于最新 GPT-4 开发，以 AI Chatbot 的形式，为 Web3.0 生态项目和社区提供全能向导服务，帮助用户和开发者以最便捷和快速的方式全方位了解项目，并在 AI 指导下与项目进行交互。MetaChat 桥接通信协议如图 12-2 所示。

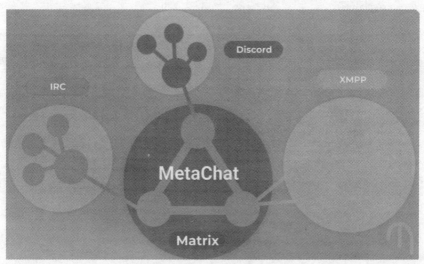

图 12-2　MetaChat 桥接通信协议

Metapedia 是一个非常有趣的项目，它的主要功能分为两点：AI Guide 和 AI Plugin。首先，AI Guide 能够通过对项目方提供的白皮书和项目更新等资料的学习，训练出智能向导，为用户提供从使用指导到开发者 SDK 的各种问题的解答。智能向导还可以集成由 MetaChat 开发的 MetaBot@DC，作为 AI Mod（模块）为 Discord 社区提供全天候的服务。其次，该应用还支持第三方 DApp 插件，用户可以通过 Metapedia AI 与 DApp 进行交互和数据读取，实现智能化和安全化的链上交互。

Metapedia 的 Beta 版本预计于 23 年第二季度推出，将聚焦于 StarkNet 生态，提供 StarkNet 及其生态项目的智能向导和推广。作为 MetaChat 产品战略的重要组成部分，该应用将成为 Web3.0 生态智能向导层和智能交互层，极大地降低用户的交互门槛。同时，本产品还是 Web3.0 DApp 的智能聚合器，可以用来在以后导航用户的 Web3.0 旅程。未来，Metapedia 还将接入 MetaChat 主产品，作为社交导流的 Web3.0 入口。

该项目的出现为 Web3.0 生态系统提供了非常重要的智能化支持和服务，通过智能向导和智能插件的应用，为用户提供更加高效和智能化的链上交互体验。未来，项目还将成为 Web3.0 生态系统的智能导流入口，为数字经济的发展和变革提供更加智能和高效的支持和服务。

当然，随着人工智能技术的不断发展和普及，越来越多的用户开始尝试创造和分享自己的 AIGC 内容和素材，从而促进了 Web3.0 生态系统的发展和创新。我们再看一个基于 ChatGPT 的 Web3.0 产品。

RSS3 产品 Hoot.it 就是一个值得关注的 Web3.0 产品。该产品在 ChatGPT 的基础上增加并优化了更多 Web3.0 等开放网络的内容并进行训练，使得用户在搜索内容时获得更好的体验。RSS3 的 AIGC 应用如图 12-3 所示。

Hoot.it 是一个基于区块链技术的 RSS3 协议的搜索引擎，产品通过整合 Web3.0 生态系统中的各种开放网络和内容，为用户提供了更加全面和多样化的搜索服务。

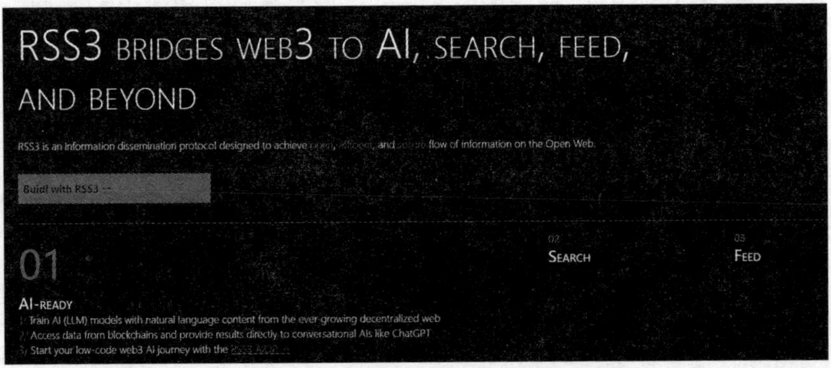

图 12-3　RSS3 的 AIGC 应用

　　Hoot.it 整合了 Web3.0 生态系统中的各种开放网络和内容，但更重要的还是为创作者提供了更多可能。这些开放网络和内容的创作者，通过自己的贡献和创造力，可以为 Web3.0 生态系统带来更多机会。他们不仅为 Hoot.it 提供了更多的搜索内容，还为 Web3.0 生态系统的发展和创新带来了新的动力和可能性。

　　ChatGPT 模型的训练和优化也离不开创作者的贡献。ChatGPT 模型的训练需要大量的语料库和数据集，这些数据集的内容也来自于各个节点内的交流贡献。通过使用这些数据集，ChatGPT 模型可以更好地理解和生成各种内容，从而为 Hoot.it 和其他 Web3.0 产品带来更好的用户体验和更多的可能性。

12.1.2　Midjourney 到 Orbofi：数字资产领域的效率提升

　　在链上世界中，人工智能技术的应用也将变得越来越广泛。例如，通过智能合约和区块链技术，可以实现自动化和高效的治理和运营；通过区块链技术和人工智能技术的结合，可以实现更加安全和可靠的数据管理和分析；通过人工智能技术的支持，可以实现更加智能和高效的链上交互和应用开发。人工智能技术的应用将为链上世界带来更多的可能性和创新，推动数字经济的发展和变革。

除了智能合约和区块链技术的应用外，在链上世界中，人工智能技术的另一个重要应用领域是图像领域。随着 NFT 和虚拟资产的兴起，图像领域的需求和应用也将变得越来越广泛。通过人工智能技术，可以实现更加高效和智能的图像识别、处理和生成，从而大大提高图像领域的生产效率和质量。

在这个领域中，Midjourney 是一个非常有影响力的项目。Midjourney 是一个基于人工智能的图像生成和处理平台，可以为用户提供各种定制化的图像生成和处理服务。通过 Midjourney，用户可以快速、高效地生成各种高质量的图像，从而满足不同领域的需求。设想一下，Midjourney 是否可以将人工智能技术和区块链技术相结合，实现图像领域的智能化和去中心化，为用户提供更加安全和可靠的服务。Midjourney 的官网图谱如图 12-4 所示。

图 12-4　Midjourney 的官网图谱

如果进行这样尝试，Midjourney 的应用将对 Web3.0 生态系统产生深远的影响。我们可以试想，通过 Midjourney 的技术支持，各个领域的企业和个人都可以更加高效地进行图像生成和处理，从而提高生产力和竞争力。同时，对于该类智能化产品的运用还可以推动

Web3.0 生态系统的发展和变革，使得数字资产和虚拟世界的图像生成和处理更加智能化和去中心化，为数字经济的发展带来更多的机遇和挑战。

让我们看向更为原生的 Web3.0 项目，比如 Orbofi。该项目是一个面向 Web3、GameFi 和艺术创作领域的 AIGC 模型搭建、素材制作和分发平台，创立于 AIGC 大规模普及的黎明期。在 2023 年一季度，Orbofi 启动了 Beta 版本，与其他同类竞品相比，该产品非常注重早期用户的增长和技术实力的沉淀。Orbofi 的界面如图 12-5 所示。

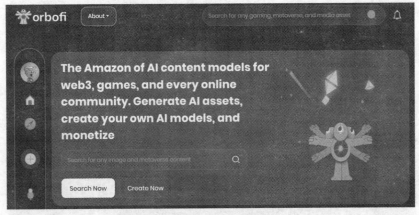

图 12-5　Orbofi 的界面

Orbofi 的产品矩阵分为制作 AIGC 内容的 AI Engine 和鼓励用户制造属于自己 AI 模型的 Factory 两大类。与一般 AIGC 产品的模型后置不同，该产品希望从底层解锁普通用户参与 AIGC 浪潮的权利。Orbofi 允许用户创造可供元宇宙、链游和 NFT、艺术品等场景的二维资产，已支持多种类型的媒体文件。

在数月之间，Orbofi 已经积攒了大于 2000 万的 AI 素材，并完成了大于 3 万用户的沉淀，并且为此顺势推出了自己的 AI 模型生成工具——Factory。得益于自身在技术上的沉淀，Orbofi 提出了扩散模型训练理论，使模型泛化能力更为强大，并且非常容易部署。结合自身沉淀的丰富开放数据集，任何用户都可以利用模型来定制化自己的模型，以此来大规模、工业化生产相关素材，将以往耗时费力的前期建模等工作压缩至数天乃至数小时。这在现有的 AIGC 产品中尚无先例，用户可直观地去训练自身模型，而无需关心内部原理。

Orbofi 在沉淀资产之后，并没有将其简单作为 AI 训练的素材，而是致力于扩展其更多用途，给予用户长时间留存的沉浸感。产品针对用户最高频的搜索行为进行专项优化，并且开放共创能力，允许用户共同创造资产和提示词（Prompt）。用户增长是项目的下一个目标，旨在实现一百万月活用户。相较于 Midjourney 等 Web2.0 的产品，Orbofi 深度嵌入 Web3.0 以及游戏等素材，可以让其创造的资产具备直接的经济价值，摆脱用户和平台的不平等地位。

12.2　Web3.0 超级个体的涌现

首先，我们要解释一个概念，什么是超级个体？

按照传统定义，超级个体是指能力在平均水平之上的个体，他们或许拥有超人的才智，过人的心性，亦或是拥有技术、领导力等特殊技能。而当穿越至未来，借助于 AI 工具，我们每个人都将成为传统意义上的"超级个体"：如果我们需要卓越的内容生产能力，借助 AI 文字／图像生成工具与一点点创意，我们便可轻易达到专业作家与艺术家的创作水准；想要成为编程大师，我们不必从底层编码语言开始学习，只要理解如何向 AI 输入程序需求，就能实现专业程序员的程序开发生产力；至于领导力决策与社群管理等技能，AI 或许可以帮助到你，让这些工具通过量化的方式将你所要管理的社区与发展现状准确无误地描绘出来，并帮你将决策问题抽象至最简化，"运筹帷幄而决胜千里"也并非痴人说梦。

AI 的出现让每个普通人都有机会成为超级个体，而当超级个体出现在 Web3.0 中，对于 Web3.0 生态体系的发展将造成颠覆式的影响——打破"不可能三角"。

在 Web3.0 中，"不可能三角"是指区块链技术、去中心化和安全性之间的矛盾关系。这个概念源于 Web2.0 时代的"不可能三角"，Web2.0 中的"不可能三角"是指可伸缩性、安全性和易用性之间的互相牵制关系，即不能同时实现这三个性质的完美。

在 Web3.0 中，"不可能三角"意味着在区块链技术、去中心化和安全性之间存在一种制约关系。具体而言，如果一个系统要同时具备强大的区块链技术、彻底去中心化和高度安全性，那么就会面临以下问题：

- **效率性**：区块链技术的本质决定了它在处理大量交易时的可扩展性问题。当前区块链系统的处理能力有限，导致处理速度缓慢、费用高昂，限制了其广泛应用。

- **去中心化**：去中心化是区块链技术的核心特征之一，但是完全去中心化的系统可能存在安全漏洞和失误，并且不能保证系统的可靠性和稳定性。

- **安全性**：在 Web3.0 中，安全性是至关重要的因素，因为区块链上的资产和数据往往具有极高的价值。但是，为了实现高度安全性，可能需要系统牺牲一些其他方面的功能或者增加一些复杂性。

因此，在 AI 出现之前，要实现完美的"不可能三角"似乎是不可能的。而各个项目的目标和重点不同，可能会选择在这三个方面中的两个或其中一个方面上做出妥协，以达成更好的平衡。而 AI 出现，或者说超级个体涌现，将意味着 Web3.0 的不可能三角被打破，超级个体的存在将有效解决因兼顾"去中心化"与"安全性"而存在的效率不足的问题，而这对于 Web3.0 而言将是一次革命性的突破。

12.3　DAO 是超级个体的必然选择

12.3.1　再部落化：超级个体和 DAO 的相互赋能

当超级个体在 Web3.0 中开始涌现，再部落化的趋势将更为明显地在网络中显现出来，而这必然将促进 DAO 社群结构与生态的二次繁荣与再进化。

细数去中心化模式的历史发展，一个去中心化自治组织的失败无外乎两个原因：生产力制约与绝对平权所导致的"乌合之众"的错误决策。雅典民主体制虽在管理机制上较为合理有效，但受限于古典时代生产力与信息传播速率制约，整个社会组织虽然公平但却难以与罗马帝国这种中央集权的国家机器进行抗衡；而在互联网时代的 DAO 组织中，因过分平权而导致 DAO 组织错误决策而走向覆灭的例子也屡见不鲜，Web3.0 时代的"不可能三角"在 DAO 组织中得到了一遍又一遍的验证。

而当超级个体出现，DAO 组织也将焕发出新的活力。一方面，针对 DAO 组织所常见的生产决策效率低下的问题，AI 所赋能的超级个体能让组织整体的生产效率与信息传播效率产生质变，无论多么冗杂的运营信息与沟通信息，超级个体之间都能有效消化理解并进行高效的内容、资料生产，由超级个体所组成的 DAO 中，效率问题将不再是问题。

另一方面，对于"众声喧哗"而导致的决策失误，在由超级个体所组成的 DAO 组织中，类似的错误将会极少发生。由超级个体所组成的 DAO 必然是小而美的，它将不会再如传统社群一般庞大而冗杂，因为社群的组织与生产目标已经不再需要多个个体配合完成，只需极少的用户便可实现以往近千人才能达到的生产效果，组织管理难度大大下降。与此同时，借助于 AI 的帮助，组织决策所需参考的信息要素将会被人工智能有效过滤，超级个体可借助 AI 完成尽可能理性化的决策，"乌合之众"将逐渐被超级个体所消解。

当我们回归到实际，超级个体对于 DAO 组织的改造与赋能，类似的案例正逐渐出现在 Web3.0 之中。你可以利用 AI 工具通过对成员贡献的数据进行分析和处理，自动化地识别和统计每个成员的产出结果。例如，你可以使用相关工具通过对 GitHub 等开源代码托管平台的数据进行分析，统计每个成员的代码提交量、代码审核量和代码合并量等数据，从而计算出他们的开发积分。同时，AI 工具还可以通过对社交媒体数据的分析，统计每个成员的社交媒体活跃度和影响力等数据。

AI 工具也可以通过智能合约体现其功能。你可以通过使用该类产品，将成员的产出结果和贡献权益进行绑定和管理，自动化地将权益和回报分配给每个成员。这样在定期的管理过程中，就可以通过智能合约记录每个成员的产出结果和贡献权益，直接将代币或其他权益分配。每个成员也都可以及时获得他们应得的回报，促进他们的积极性和参与度。

Metapedia 作为一个基于区块链和人工智能技术的知识图谱平台，建立之初的目的就在于打破中心化的知识生产和传播模式，实现知识的去中心化和智慧化。而这也是每一个创作者想要达成的未来世界，AI 等生产力工具就可以作为超级个体加速项目发展。Metapedia 通过将 DAO 的治理模式与超级个体的知识生产和贡献相结合，实现了知识图谱的协同构建和更新。超级个体通过贡献自己的知识和信息，不仅可以获得平台的激励和回报，还可以参与 DAO 的治理和决策，直接影响平台的发展方向和策略。同时，DAO 通过对超级个体的激励和治理，促进了知识图谱的不断完善和优化，从而提高了平台的价值和竞争力。

Orbofi 也是一个典型的例子，它通过将 DAO 的治理模式和超级个体的创造力相结合，实现了 AIGC 内容和素材的协同生产和分发。Orbofi 通过 AI 技术和数据沉淀，赋能普通用户参与到 AIGC 浪潮中来，这就实现了让普通人成为超级个体的路径，更多的超级个体可以创造出高质量的 AIGC 内容和素材。

除了 Metapedia 和 Orbofi 之外，还有许多其他的 Web3.0 平台也在尝试通过超级个体和 DAO 的相互赋能来推动生态系统的发展和创新。有许多本就是利用 AI 生产力工具化身为超级个体的项目方，再度在自身项目中开发 Web3.0 结合 AI 工具，让更多的参与者成为超级个体进行贡献，已经形成了一条很受欢迎的社区搭建链路。这些新兴的 Web3.0 平台的出现，为整个加密世界带来了更加多元化的创新机会和社区建设模式。

超级个体和 DAO 的相互赋能是 Web3.0 生态系统中的一个重要特征，这样做能够促进生态系统的协同发展和优化，提高平台的竞争力和价值。然而，平台也需要面对多方面的挑战和问题，只有制定有效的治理和激励机制，平衡个体和集体的利益，保障生态系统的可持续性和安全性，才能实现超级个体和 DAO 的相互赋能，推动 Web3.0 生态系统的健康和可持续发展。

12.3.2　AI 赋能实例：SingularityDAO

作为 DAO 的重要组成部分，中央智能合约规定了 DAO 的组织规则。AI 可以为 DAO 的中央智能合约提供技术支持，通过 AI 的运用，智能合约可以对资源的运用自主做出决策。SingularityDAO 是基于 Singularity NET 上的 DAO，如图 12-6 所示，SingularityDAO 的亮点在于使用 AI 自主分配资产并且管理代币持有者的投资组合。接下来，以 SingularityDAO 为案例，探讨 DAO 与 AI 如何相互赋能。

SingularityDAO 是目前市场上最为成功的 DAO 之一，它采用了人工智能技术和区块链技术相结合的方法。超级个体的存在使得 AI

技术可以分析大量的数据，并利用多元智能合约和去中心化存储在 DAO 中进行处理，从而实现了权力下放、民主决策的目标。

图 12-6　SingularityDAO

（1）SingularityDAO 简介。

SingularityDAO 是在以太坊区块链上运行的 DAO，旨在通过利用人工智能和分布式自治组织的力量来解决当今加密市场的痛点。它是由一群极具创新精神的专家组成的，这个专家团队负责开发和推进了一项基于人工智能和区块链技术相结合的新型去中心化自治组织。SingularityDAO 采用了开源的方法并使用了多元的智能合约，支持许多智能代币（S-DAI）和智能合约与以太坊钱包进行互操作。SingularityDAO 的核心理念是通过提供去中心化金融（DeFi）产品和服务，使得用户能够更容易地参与加密市场，同时降低了投资者面临的风险。在这个愿景中，AIGC 起到了关键作用，将 AI 技术与 DAO 组织结构相结合，以实现高效、透明的治理。

（2）核心业务逻辑。

SingularityDAO 的核心业务逻辑包括金融服务、投资策略执行和 AI 技术融合 Web3.0。

首先在去中心化金融产品和服务方面，SingularityDAO 提供了一系列 DeFi 产品和服务，如借贷、保险、衍生品等，可以帮助用户更容易地参与加密市场。

通过 AI 驱动的投资策略也可以更好地实现投资增值。Singularity DAO 利用 AI 技术来分析市场数据，为用户提供智能投资建议。此外，SingularityDAO 还提供了 AI 驱动的投资组合管理服务，帮助用户实现资产的多元化配置。

当然，既然以"AI+DAO"为噱头，那么肯定少不了 AIGC 技术在 DAO 中的应用。AIGC 是 SingularityDAO 的核心组成部分，它将 AI 技术与 DAO 组织结构相结合，以实现高效、透明的治理。AIGC 的主要职责包括制定治理规则、监督项目的执行、确保项目的合规性等。

（3）组织架构。

SingularityDAO 的组织架构分为以下几个层级：

- **治理层**：SingularityDAO 的最高层，由代币持有者组成。代币持有者可以投票决定组织的方向和决策，例如投资策略、AI 模型的参数和配置，以及其他重要决策。治理层的决策是通过 DAO 的智能合约执行的。

- **管理层**：SingularityDAO 的执行层，负责实施治理层的决策和管理组织的日常运营。管理层由 DAO 成员选举产生，他们负责监督和管理 DAO 的各个方面，包括技术开发、市场营销、社区管理、财务管理等。

- **技术层**：SingularityDAO 的技术支持层，由专业的技术团队组成。他们负责开发和维护 DAO 的智能合约和基于 AI 的模型，以确保组织的技术基础设施始终保持最新和安全。

- **社区层**：SingularityDAO 的社区支持层，由 DAO 的社区成员组成。他们负责促进 DAO 的社区建设和发展，包括社交媒体营销、社区管理、活动组织等。

可以从 DAO 的层级中看出，SingularityDAO 的组织架构是一个分层结构，由不同层级的成员组成，每个层级都有不同的职责和任务。这种分层结构可以确保组织的高效运营和有效决策，同时保持去中心化的自治性。

（4）SingularityDAO 的成功之处。

SingularityDAO 已经成为去中心化自治组织的典范，它成功地使用了人工智能技术和区块链技术相结合的方式，实现了 DAO 的自治、治理和管理。它的成功可以归因于以下因素：

- **多元智能合约**：由于 DAO 的特殊属性，有多种机制需要在项目之间协作和互动，这就需要一个交易机制和协同机制。SingularityDAO 采用了多智能合约的方法，可以解决复杂的自治处理流程中不同群体的合作问题，从而更好地进行项目管理和治理。

- **人工智能技术**：SingularityDAO 解决了许多的安全和协作难题，它将 AI 技术应用于自治组织的治理和管理，分析了大量的数据，这有助于实现更好的协作和决策，让治理过程更加民主化和透明化。

- **智能代币**（S-DAI）：SingularityDAO 拥有内部发行的代币 S-DAI。这为组织成员行使 DAO 的权利提供了机会，这些权利包括在反应和决策过程中进行投票，以及在一定程度上控制组织的财务和资源。

SingularityDAO 的未来发展还是会以深化 AI 技术为主，可以用于在投资策略和投资组合管理方面的应用，为用户提供更加智能、个性化的投资建议。需要更智能化地做到拓展 AI 在 DAO 治理中的应用，实现更高效、透明的治理，提高项目的可持续性，从而打造更加完善的加密生态系统。

最后总结一下，SingularityDAO 以其与超级个体的适配、卓越的技术优势和完善的管理体系，成为国内外 DAO 领域的典范。并通过结合 AI 技术和 DAO 组织结构，致力于解决加密市场的痛点，为用户提供更加便捷、安全的投资渠道。在未来，SingularityDAO 将继续深化 AI 技术在投资策略和 DAO 治理方面的应用，为加密市场的发展做出更大的贡献。从 SingularityDAO 的发展来看，AIGC 在 DAO 的管理和决策中的应用具有非常广阔的发展前景。未来，我们可以预见，随着技术的发展，越来越多的组织将利用这种技术的巨大潜力，结合 AIGC 的力量来重构 DAO，实现更好的自治、更好的治理和更好的管理。

12.4　展望：超级个体到机器人时代

随着科技的不断发展，人类社会正在步入一个全新的机器人时代。在这个时代中，机器人将逐渐取代人类的一些工作和功能，成为人类社会生产力和生活方式的重要组成部分，更难得的是，这些机器人往往还通过人工智能的开发或辅助，在很多情况下拥有人类的思维或者处事逻辑。

而在未来的机器人时代中，智能化作为主要的趋势似乎已经确定。随着人工智能技术的不断发展和应用，机器人将变得越来越智能化和自主化，可以完成更加复杂和高级的工作和功能。这种情况的发生，对于超级个体来说，既是机遇也是挑战。

一方面，智能化的机器人可以为超级个体提供更加高效和精准的工具和支持，帮助他们更好地发挥自己的专业能力和经验。例如，一个擅长数据分析的超级个体，可以利用智能化的机器人来完成更加复杂和多样化的数据分析任务，提高工作效率和精度。

另一方面，智能化的机器人也可能会取代一些超级个体的工作和功能，使得他们的价值和地位受到挑战。例如，一个擅长图像识别的超级个体，可能会被智能化的机器人所取代，使得他们的专业能力和经验价值降低。

　　我们可以想象的到，未来的 DAO 内一定会有许多超级个体的存在，也会有更加先进的变为机器人的存在。将这些可以被机器直接取代的工作交给机器人来做也不失为一件好事，机器人和人工智能的应用可以为 DAO 组织提供更加高效和精准的工具和支持，使得组织可以更加专注于哲学和艺术的思考、发明和创造等高级活动，而不再受制于重复、低效的工作。一个擅长图像识别的机器人，可以为 DAO 组织自动化地处理图像和视频数据，提高工作效率和质量，让更多的成员有更多的时间和精力去做更有意思并重要的事情。

　　总之，未来的 DAO 组织将会是一个更加开放、协同和智能化的生态系统，有机和无机的生命个体都将会成为重要的组成部分。时代的推进将为组织和成员带来更多的机遇和价值，同时也需要组织和成员不断地适应和转变自己的角色和价值，为生态系统的创新和发展做出更大的贡献并提供更多价值。